Care
of
the
Soul

心灵地图

[美] 托马斯·摩 尔
(Thomas Moore) 著
严冬冬 译

武志红主编

可以让你变得更好的心理学书

北京联合出版公司
Beijing United Publishing Co.,Ltd.

图书在版编目（ＣＩＰ）数据

心灵地图 / (美) 托马斯·摩尔著；武志红主编；严冬冬译.
-- 北京：北京联合出版公司，2019.5
（可以让你变得更好的心理书）
ISBN 978-7-5596-2712-4

Ⅰ.①心… Ⅱ.①托… ②武… ③严… Ⅲ.①心理学—通俗读物 Ⅳ.①B84-49

中国版本图书馆CIP数据核字(2018)第234088号

CARE OF THE SOUL: A Guide for Cultivating Depth and Sacredness in Everyday Life,
Copyright © 1992 by Thomas Moore.
Published by arrangement with HarperCollins Publishers.
Simplified Chinese Edition: © 2019 Beijing ZhengQingYuanLiu Culture Development, Co., Ltd

北京市版权局著作权登记号：图字01-2018-0405号

心灵地图
Care of the Soul

著　　者：[美]托马斯·摩尔
译　　者：严冬冬
责任编辑：昝亚会　夏应鹏
封面设计：门乃婷
装帧设计：季　群　涂依一

北京联合出版公司出版
（北京市西城区德外大街83号楼9层　100088）
北京联合天畅发行公司发行
北京中科印刷有限公司印刷　新华书店经销
字数200千字　640毫米×960毫米　1/16　20.75印张
2019年5月第1版　2019年5月第1次印刷
ISBN 978-7-5596-2712-4
定价：45.00元

一本好书，一个灯塔

| 武志红 |

今年，我 44 岁，出版了十几本书，写的文章字数近 400 万字。并且，作为一名心理学专业人士，我也形成了对人性的一个系统认识。

我还可以夸口的是，我跳入过潜意识的深渊，又安然返回。

在跳入的过程中，我体验到"你注视着深渊，深渊也注视着你"这句话中的危险之意。

同时，这个过程中，我也体验到，当彻底松手，坦然坠入深渊后，那是一个何等美妙的过程。

当然，最美妙的，是深渊最深处藏着的存在之美。

虽然拥有了这样一些精神财富，但我也知道苏格拉底说的"无知"之意，我并不敢说我掌握了真理。

我还是美国催眠大师米尔顿·艾瑞克森的徒孙，我的催眠老师，是艾瑞克森最得意的弟子斯蒂芬·吉利根，我知道，艾瑞克森做催眠治疗时从来都抱有一个基本态度——"我不知道"。

只有由衷地带着这个前提，催眠师才能将被催眠者带入到潜意识深处。

所以我也会告诫自己说，不管你形成了什么样的关于人性的认识体系，都不要固着在那里。

不过，同时我也不谦虚地说，我觉得我的确形成了一些很有层次的认识，关于人性，关于人是怎么一回事。

然后，再回头看自己过去的人生时，我知道，我在太长的时间里，都是在迷路中，甚至都不叫迷路，而应该说是懵懂，即，根本不知道人性是怎么回事，自己是怎么回事，简直像瞎子一样，在悬崖边走路。

我特别喜欢的一张图片是，一位健硕的裸男，手里拿着一盏灯在前行，可一个天使用双手蒙上了他的眼睛。

对此，我的理解是，很多时候，当我们觉得"真理之灯"在手，自信满满地前行时，很可能，我们的眼睛是瞎的，你走的路，也是错的。

在北京大学读本科时，曾对一个哥们儿说，如果中国人都是我们这种素质，那这个国家会大有希望。现在想起这句话觉得汗颜，因为如果大家都是我的那种心智水平，肯定是整个社会一团糟。

这种自恋，就是那个蒙上裸男眼睛的天使吧。

© 2006 Steven Kenny

　　所幸的是，这个世界上有各种各样的好书，它们打开了我的智慧之眼。

　　一直以来，对我影响最重要的一本书，是马丁·布伯的《我与你》。

　　我现在还记得，我是在北大图书馆借书时，翻那些有借书卡的木柜子，很偶然地看到了这个书名《我与你》，莫名地被触动，于是借阅了这本书。

　　这对我应该是个里程碑的事件，所以记忆深刻，打开这个柜子抽屉的情形和感觉，现在还非常清晰，好像就发生在昨天。

这一本书对我触动极大，胜过我在北大心理学系读的许多课程，我当时很喜欢做读书笔记，而且当时没有电脑，都是写在纸质的笔记本上。我写了满满的一本子读书笔记，可一次拿这个本子占座，弄丢了，当时心疼得不得了。

不过，本子虽然丢了，但智慧和灵性的种子却种在了我心里，后来，每当我感觉自己身处心灵的迷宫时，我都会想起这本书的内容，它就像灯塔一样，指引着我，让我不容易迷路。

那些真正的好书，就该有这一功能。

在《广州日报》写心理专栏时，我开辟了一个栏目"每周一书"，尽可能做到每周推荐一本心理学书，专栏后来有了一定的影响力，常有读者说，看到你推荐一本书，得赶紧在网上下单，要是几天后再下单，就买不到了。

特别是《我与你》这本书，本来是很艰涩的哲学书，也因为我一再推荐，而一再买断货，相当长时间里，一书难求。

现在，我和正清远流文化公司的涂道坤先生一起来策划一套书，希望这套书，都能有灯塔的这种感觉。

我和涂先生结缘于多年前，那时候涂先生刚引进了斯科特·派克的《少有人走的路》。很多读者在读完后，都说这是一本让人振聋发聩的好书，然而在当时，知道它的人很少。我在专栏上极力推荐这本书，随即销量渐渐好了起来，成为了至今为人称道的畅销书。然而，那时我和涂先生并不认识，直到去年我们才见面相识，发现很多理念十分契合，说起这件往事，也更觉得有缘，于是便有了一起策划丛书的念头。

我们策划的这套丛书，以心理学的书籍为主，都是严肃读物，但它们都有一个共同点：作为普通读者，只要你用心去读，基本都能读懂。

并且，读懂这些书，会有一个效果：你的心性会变得越来越好。

同时，这些书还有一个共同点：它们都不会说，要束缚你自己，不要放纵你的欲望，不要自私，而要成为一个利他、对社会有用的人……

假如一本书总是在强调这些，那它很可能会将你引入更深的迷宫。

我们选的这些书，都对你这个人具有无上的尊重。

因为，你是最宝贵的。

我特别喜欢现代舞创始人玛莎·格雷厄姆的一段话：

有股活力、生命力、能量由你而实现，从古至今只有一个你，这份表达独一无二。如果你卡住了，它便失去了，再也无法以其他方式存在。世界会失掉它。它有多好或与他人比起来如何，与你无关。保持通道开放才是你的事。

　　每个人都在保护自己的主体感，并试着在用各种各样的方式，活出自己的主体感。只有当确保这个基础时，一个人才愿意敞开自己，否则，一个人就会关闭自己。

　　人性的迷宫，人生的迷途，都和以上这一条规律有关，而一本好书，一本好的心理学书籍，会在各种程度上持有以上这条规律，视其为基本原则。

　　可以说，我们选择的这些书，都不会让你失去自己。

　　一本这样的好书，都建立在一个前提之上——这本书的作者，他在相当程度上活出了自己，当做到这一点后，他的写作，就算再严肃，都不会是教科书一般的枯燥无味。

　　这样的作者，他的文字中，会有感觉之水流，会有电闪雷鸣，会有清风和青草的香味……

　　总之，这是他们真正用心写出的文字。

　　每一个活出了自己的人，都是尚走在迷宫中的我们的榜样，而书是一种可以穿越时间和空间的东西，我们可以借由一本好书，和一位作者对话，而那些你喜欢的作者，他们的文字会进入你心中，照亮你自己，甚至成为你的灯塔。

　　愿我们的这套丛书，能起到这样的作用：

　　帮助你更好地成为自己，而不是教你成为更好的自己，因为你的真我，本质上就是最好的。

打开你的心灵地图

| 武志红 |

写下这篇导读前，我与几位同事分享了书中的一个故事——

备受人们崇敬的智者努里·贝，娶了一位年轻美丽的娇妻。

一天傍晚，他比往常回家早了一些，有个忠心的仆人跑来向他报告："您的妻子，我们的女主人，今天的举止有点可疑。她一个人待在房里，守着一口箱子，那箱子原先是您祖母的，大得足以装下一个人。箱子里原本只有一些上了年头的刺绣，但是我敢说，现在里面一定多了什么东西。她不准我打开箱子查看，尽管我是您最年长的仆人。"

努里去了妻子的房间，她正坐在箱子旁，满脸郁郁寡欢。

"你能不能给我看看，箱子里究竟是什么？"他说。

"是因为一个仆人的猜疑，还是因为你本身就不信任我？"

"何必费心猜测话语背后的玄机，把箱子打开不是更简单吗？"努里问。

"那不可能。"

"箱子锁上了吗？"

"是的。"

"钥匙在哪里？"

她举起钥匙给他看，同时提出条件："如果你把那个仆人解雇，我就把它给你。"

仆人被解雇了。努里的妻子把钥匙交给了他，自己则退出了房间。但很显然，她心中十分不安。

努里·贝思索了很长时间，然后叫来四个园丁，跟他们一起借着夜色，把箱子抬到很远的地方埋了起来。

从那以后，再也没人提起过这件事。

这个故事充满悬念，令人着迷。分享之后，大家交换了各自的感受。

一位同事说，她觉得夫妻相处就应该相互信任、彼此包容，而不该听信谗言、胡乱猜忌。

另一位同事说，他很想知道箱子里究竟藏着什么，他觉得故事的结尾太过理想化，这种事很难翻篇，虽然彼此嘴上不说，但心里一定是不快的，多少有些芥蒂。

还有一位同事说，那位智者心机很深，他让人借着夜色，将箱子抬到很远的地方埋了起来。如果箱子里没有其他东西，可以显示自己大度。如果真有一个情敌，他便就此杀死了情敌。

……

同一个故事，不同的人给出了不同的解读，这些解读都很有道理，没有对错之分，皆是各自内心世界的流露。

其实，我们每个人心里也都有一个这样的箱子——心灵的箱子，里面装着各种秘密。直接打开它是最省事的方法，但看似简单的路，或许会最难走，因为心灵有着自己的法则，用简单粗暴的方式强行打开，只会给心灵带来伤害。

对于心灵来说，感受比分析更重要，想象比现实更重要，记忆比计划更重要。在通往心灵的道路上，我们只能按照心灵的逻辑、而非思维的逻辑前行。人类为了追求深刻和统一，为了避免自相矛盾，很容易运用头脑对事物进行分析、判断、推理和分级，而心灵运行和表达的方式则完全不同。心灵不是用来分析的，也无法用理性加以解读，心灵总是用迂回的方式，呈现转瞬即逝的意象，而故事就是心灵最喜欢的表现形式之一。

在上面的故事中，智者努里不去打开箱子，就是遵循了心灵的逻辑，而同事们发掘出故事的多重意义，恰恰说明了心灵的丰富。如果我们一定要确立一个标准答案，人为地限制想象力，心灵就会枯竭，变得浅薄而苍白。

本书中，美国心理学家托马斯·摩尔如此形容心灵：就像一只飘忽不定的蝴蝶，她的目标不明确，方向不固定，路线不笔直，变幻莫测。摩尔将这种扑朔迷离的心灵运行方式，称之为

"心灵地图"。蝴蝶这个意象本身就很能触动心灵，波兰诗人卡波
维兹的诗《沉默的一课》中，也有着这样动人的句子：

当一只蝴蝶
剧烈地对折
它的翅膀
请将这当作一个沉默的呼唤。

蝴蝶扇动翅膀时，它的羽翼呈 180 度的对折，而沉默与呼唤
也是水火不容的对立。但正是这种对折和对立，展现出生命的真
相。心灵之翼亦如蝴蝶之翼，总是在光明与黑暗、希望与绝望、
勇敢与怯懦之间折叠交替，看似矛盾重重，不可调和，实质上却
舞动出了鲜活的生命图景。

学习心理学最大的收获之一，就是让我领悟到世界是对折
的，即当你看到一个人失魂落魄的时候，你也要想到，这或许正
是他最有力量的时刻。《神雕侠侣》中的杨过，因为思念小龙女
而形销骨立，在沮丧到极点时，却施展出了绝世武功——"黯然
销魂掌"。虽然这一武功招式是金庸虚构出来的，但在心灵的世
界中却无比真实，诗人济慈将这种心理现象称作"消极感受力"，
被很多心理学家所推崇。比如，抑郁是一种令人痛苦的感受，在
抑郁的空虚感面前，人生的意义会彻底崩溃。但恰恰是这巨大的
空虚和痛苦，可以带我们前往心灵最偏远的角落。弗洛伊德指
出，在抑郁症发作期间，外在的生活或许一片空虚，但心灵中的

工程却在全速进行。与此类似的是，多数人最大的优点，往往也是他们最大的缺点。

心灵就是这样不讲道理，却又无比真实生动。

打开心灵地图，我们可以看到：被认为"不好"的东西，或许自身很有价值；越是努力掩饰无知，我们就越显得无知；越是故作成熟冷静，我们就越是暴露出自己的幼稚；越是想充当大人，我们就越表现得像孩子。

世间最强大的力量，莫过于向人们展示心灵，而心灵最强大的力量并不是在光明中，而是在阴影里。畏惧中藏着无畏，醉梦中藏着清醒，不确定中藏着确定……如果我们不在阴影中去发掘力量，为我所用，就会反受其害。

恐惧、自恋、嫉妒、羡慕、抑郁……这些都是心灵地图中赫然标注的阴影，如果我们忌惮这些阴影，不敢进入其中，就只能忍受其折磨，无法享受心灵的快乐。唯有承认、接纳并紧紧拥抱阴影，才能获得无穷的力量。正如诗人济慈所说：

失望，焦虑，
想象的挣扎，无论远近，全是人生；
这些都有美好的一面。

每个人的内心都有一幅地图，按照这幅地图，我们进入阴影，又走出阴影，进入黑暗，又走出黑暗。在不断挣扎、重叠和穿越的过程中，我们的心灵变得更开阔，更深邃，也由此拥有了鲜活、真实、独特的感受。这些感受不属于任何人，只属于自己。以我为例，我跳入抑郁的深渊，又安然返回，这份难得的经历专属于我。不仅如此，在我身上，我所有的经历、故事、性格和命运，一切事情都打上了"武志红"的烙印，最终成为一个不同于他人的自己。

一个人的生命，终究是为了活出自己。

而打开心灵地图，是其中一件极其重要的事情。

我曾做过一个梦：梦见自己在一列火车上，对所有人的故事都充满好奇，恨不得在一次旅行中，听完所有人的故事。故事承载心灵，在梦中，我对所有人的故事感兴趣，其实是我对所有人的心灵入迷。

心灵不需要众口一词的雷同，只需要尊重内心的感受。你说出的每一句话，每一份感受，每一次行动，都可能成为打开心灵地图的入口，从这里进去，穿过荒凉的沙漠、潮湿的洼地、恐怖的阴影，将一切连接起来，就构成了独一无二的"我"。

目录
CONTENTS

第三部分
精神生活与心灵地图

第四部分
艺术与心灵

心灵的沦丧

如果心灵遭到漠视，我们可能面临执念、瘾疾、暴力和人生意义的缺失。我们惯于把这些问题看成孤立的心理疾病，试图一一加以治疗，殊不知真正的症结在于，我们的心灵已经沦丧。

"心灵"一词并没有确切的定义，它完全属于感性的范畴。直觉告诉我们，心灵与真诚和灵魂有关，所以我们可以说一首曲子"具有灵魂"，说一个气质出众的人"很有灵气"。只要仔细捕捉这种感觉，就会发现心灵其实牵涉到生活的方方面面——可口的美食，愉快的交谈，真诚的友谊，以及让我们铭记在心的种种经历。

"只要你能学会自信 / 爱 / 生气 / 自我表达 / 沉思 / 减肥……一切问题都能迎刃而解"——这是现代心理自助书常用的腔调。而任何一位洞察心灵的人，绝不会用这种救世主式的口吻教导别人。他们能够保持内心的谦逊、尊严和安宁，是因为他们对人性的弱点更为了解，而不是妄图超越人性的限制。

每个人的心灵都有自己的轨迹，没有人能告诉你应该如何生活，没有人能真正参透心灵的奥秘，更没有人可以狂妄自大地指引别人。心灵存在于意识和无意识之间的模糊地带，其领域既不是思

维也不是肉体，而是想象力。许多所谓的心理疾病，无非就是想象力缺失的外在表现，而心理治疗就是引导想象力回归的过程。

心灵不是抽象的概念，每当我们从家庭、自恋、爱情、嫉妒与羡慕、阴影、抑郁、疾病、金钱等方面追溯心理问题的根源时，总能发现心灵的影子。为了描述这一过程，我借用了一个比喻——心灵地图。心理医生并不是心灵的塑造者，仅仅是心灵的引导者，指引人们凭借心灵地图的提示来度过生育、疾病、婚嫁、危机和死亡等重要关头。在当今社会中，这样的责任必须由我们自己承担，由自己在生活的重重迷宫中找出正确的路径。

或许你已经注意到，按照心灵地图前行不是要强行治疗、修正、改变和调整自己，不是追求所谓的完美，不是逃避所有的烦恼，而是聚焦于眼前的日常生活。在现代社会中，技术文明既是巨大的成就，同时也是沉重的负担。当今人们普遍面临的情感问题包括：

空虚

人生缺乏意义

焦虑

对未来忧心忡忡

抑郁

对婚姻、家庭和人际关系的失望

价值观缺失

对成就感的渴望

对精神生活的渴望

　　这些问题都是心灵沦丧导致的结果，但也恰好从侧面反映出读懂心灵地图的重要性。我们对刺激、肉欲、权力和金钱趋之若鹜，以为只要找对了工作，处理好了人际关系，这些东西就会滚滚而来。然而无论我们得到什么，到头来物质层面的东西都不能满足心灵。由于对心灵地图缺乏了解，我们误以为"量"的丰富可以弥补"质"的不足，于是放任自己陷进无休无止的物欲追求，无法自拔。

　　心灵是复杂的、多面的，是痛苦和快乐，失败和成功共同塑造的。心灵同样有低谷和阴影，同样有愚蠢和错误。只有摆脱不切实际的妄想，逃离完美主义的桎梏，我们才能达到自我认识和自我接受的境界，奠定心灵成长的基石。

　　罗马作家阿普列乌斯说："每个人都应晓得，培育心灵乃是生活的唯一方式。"心灵培养，意味着在生活的土壤中，宛如农夫耕耘田地，一辈子精耕细作，让心灵的种子生根发芽，拥有自己的历史、语言和独一无二的经历。沿着心灵地图前行，不是为了改变自己，以适应世俗的"心理健康"标准，而是成为自己，塑造多姿多彩的人生。

　　心灵是我们存在性的源泉，远非我们所能强制规划和控制的。我们只能培育、照料、享受和参与心灵的发展过程，无法靠思维僭越于心灵之上，并完全按自己的想法对心灵进行塑造。跟随心灵，是我们唯一能做的事情。

　　我常以为，文艺复兴时期的意大利能取得无比辉煌的艺术成就，是因为当时人们热衷于对心灵的探求。若能抱着平常心迈入心灵的神秘世界，既不自作多情，也不悲观厌世，就可以让生命绽放出自然天成的奇葩，显露出无法预测的美丽。

《心灵地图》并非一本帮助人们解决人生难题的快捷指南，而是对心灵进行深入探索的舆图。在现代社会，大部分人的心灵都很迷茫，不知道生命的意义。他们个性泯灭，不清楚真实的自己为何物。他们的行为越来越机械化，变成了淹没于群体之中的乌合之众。相反，如果我们能多加留意心灵状态，按照心灵地图前行，人生的难题就能随之得到缓解，甚至是彻底解决。

心灵并不是用来分析的，也无法完全参透，诗人常将心灵描述为"蝴蝶般飘忽不定"，但如果我们敞开胸怀，那么这只蝴蝶就很有可能飘进我们的视野。无论是我的写作还是你的阅读，届时都将成为我们开启心灵之旅的入口。

按心灵的逻辑前行

Care of the Soul

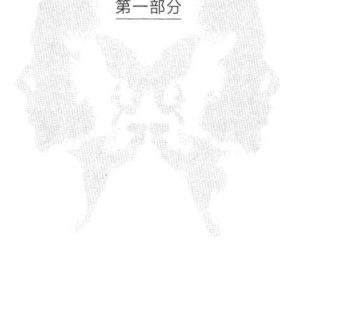

第一部分

除了内心情感的神圣和想象力的真实，

我对任何事情都不敢确定。

——济慈

第一章

通往内心的旅程

　　许多人定期同心理医生见面，反复谈论给他们带来了莫大的情感伤痛的心理问题。而心理医生会据此进行分析，得出的结论不外乎童年时代的亲子关系、心中怨气的郁积、家中有人酗酒、小时候曾遭虐待等。无论采用什么疗法，目标都是解决这些核心问题，让患者恢复健康快乐。

　　跟随心灵则与这些疗法完全不同，它的重点在于看待日常生活的态度和对幸福的追求，而不是具体的心理问题。跟随心灵是一个连绵不断的过程，它的目的不在于"矫正"某种瑕疵，而是"照料"生活中的大事小情，避免心灵沦丧。

　　跟随心灵的重点根本就不在于人格或人际关系，所以也不属于通常意义上的心理学范畴。关注周围的事物，重视家庭生活和日常作息，甚至留意平时的着装，这些都是跟随心灵的方式。五百年前，费齐诺撰写心理自助手册《生命之书》时，特别强调要仔细选择颜色、香料、油料、散步的地点和游览的国家，这些都是日常生活中的具体决定，或许看起来十分琐碎，但日复一日积累下去，就会对心灵造成深远的影响。想到心灵时，我们总觉得它与大脑并存，所以本质上是内在的。然而古代的心理学大师却指出，我们的心灵与整个世界的心灵不可分割，二者都存在于构成自然和人类文化的种种事物中。

所以说，跟随心灵并不是一种"解决问题"的方法，它的目标不是让生活一帆风顺，而是令生活具备深度和价值。某种意义上，这比心理治疗更具挑战性，因为我们需要培养更有意义、更具表现力的生活方式，而且这一过程需要每一个人都发挥想象力。通常，接受心理治疗时，治疗师承担了大部分的责任，病人只需要坦陈问题就可以了。跟随心灵则不然，我们必须全盘担起培养和塑造生命、增进心灵福祉的责任。

心灵地图

要想"跟随心灵"，首先需要我们遵奉心灵显现和运作的方式，了解心灵流动的方向和路线，读懂心灵地图。**所谓心灵地图，就是尊重心灵自身的习性，以平和温暖的方式满足心灵的需求，按照心灵的逻辑，而不是思维的逻辑前行。**

"心灵"并不是一种具体的东西，而是一种性质，是体验生活和认识自我的一种层次，牵涉到深度、价值、联系、心境和个人特质。在本书里，心灵并不是宗教信仰的对象，与永生不灭也没有任何关系。不过，尽管"心灵"近在咫尺，但很多时候，我们只能领会其中的意思，却很难用语言具体解释。正因如此，心灵地图也不像现实中的地图那样清晰可辨，一目了然，常常需要我们仔细聆听、感受和关怀，才能明白。比如，最近我们染上了什么瘾，做了什么特别的梦，心中有什么烦恼，等等，这些都是心灵地图中的图例和注记，时刻提醒我们，避免误入歧途。

心灵需要关怀，不需要剥夺。人们常常觉得，如果能摆脱困扰他们的东西，情况就会好转。他们可能会说："我必须改掉这个习惯。""请帮我摆脱自卑感，帮我戒烟，帮我脱离失败的婚姻。"身为心理医生，如果我遵照患者的这些要求，那我一天到晚都要忙着剥夺他们生命中的东西。但我并不觉得根除问题是最终目标，也不打算担任剥夺者的角色。相反，我努力让他们明白，在心灵地图中，这些"问题"是必要的，甚至是有价值的。

如果人们了解心灵地图，并按图索骥，生命就会变得更加丰富多彩，而不是贫瘠不堪。不少人曾经以为痛苦和问题非常可怕，必须从生活中清除出去。其实只要敞开心胸，用开放的态度面对心灵，你就能领会疾病中蕴藏的信息，懊恼中隐含的匡正，以及抑郁和焦虑暗示的改变。

一位30岁的女子来找我做心理治疗。她说："我的人际关系很糟糕，因为我总是过于依赖别人。请帮我摆脱这种依赖性吧。"

她要求我剥夺她心灵中的某些东西，然而秉承尊重心灵习性的原则，我尽量避免这样的剥夺行为。于是我问："为什么依赖别人会让你感到困扰呢？"

"因为这样会让我感觉十分软弱。况且，过于依赖别人并不是好事，我应该保持独立。"

"那你认为多大程度的依赖才是'过于依赖'呢？"

"当我感觉很糟糕的时候。"

"那么，你有没有可能找到一种方法，既保持对别人的依赖，又不会让自己感到软弱呢？毕竟，所有人彼此之间都在相互依赖，每一天、每一分钟都是如此。"

谈话就这样继续下去。这位女士一直简单地认为独立是好的，依赖则是坏的。我注意到，尽管她如此向往独立，但在实际生活中，独立并没有给她带来多少享受。她认定自己的依赖性太重，所以把独立看成是一种解脱。不知不觉中，她接受了时下流行的观点：独立才是健康的，当心灵显现出对依赖的渴望时，我们应该纠正它。

这位女士要求我帮她摆脱心灵中依赖的一面，但如果我这样做，就会南辕北辙，与她内在的心灵地图完全不符。尽管依赖让她觉得不安，但这并不意味着她就应该摆脱它，因为依赖感或许正是心灵表达需求的方式。她如此努力地追求独立，就是要躲避和压制内心对依赖的渴望。意识到这一点之后，我试着改用其他和"依赖"相关，却没有"软弱"含义的说法。

"难道你不愿意和别人交往，向他们学习，跟他们亲近，建立密切的友谊，或者和某个人培养起无法割舍的亲密关系？"

"当然愿意。"她说，"那也算是依赖吗？"

"我觉得算。"我回答，"一切事情都是这样，有得必有失。为了享受这些好处，你得学会接受贫乏、自卑、顺从和失掉控制的感觉。"

这位女士跟许多人一样，刻意把这些感觉夸大成过度的依赖，作为拒绝亲密关系和友谊 的借口。于是我们活在这种夸大的感觉中，以为自己对别人的依赖已经达到了病态的程度，然而事实是，我们正在回避同周围的人、社会和生活建立深厚的关系。

对于心理上的异常症候，一般人的反应是予以矫正，努力朝相反的方向发展，这完全是背离了心灵地图。他们认为自己依赖性过强，觉得只有达到彻底的独立，才能获得健康和快乐。这种感觉其实是错误的，并不能解决问题，因为独立与依赖之间的裂隙无法愈合。我们应该因势利导，遵从心灵表现出来的症候，而不是反其道而行之。学习保持适度的依赖，既能满足心灵的需求，又不至于太过极端，让独立与依赖之间产生裂隙。

拒绝接受命运，心怀不切实际的幻想，同样背离了心灵地图。一位心情沮丧的男子来找我，他对目前的工作极为不满。他在工厂车间工作了 10 年，这 10 年间，他一直在策划着逃离。他打算回到学校读书，然后选择一个更好的行业。他把全部心思都放在了这里，工作自然受到了影响。一年年过去了，他一直郁郁寡欢，憎恨他的工作，渴望实现他的雄心壮志。

有一天，我问他："你有没有想过接受现状，全心全意做好手头的工作？"

"不值得。"他说，"这样的工作用不着我来做，机器人会做得更好。"

"但你每天都在做这个呀。"我提醒他，"而且你做得并不好，所以你才感觉十分糟糕。"

"你是说，我应该把心思放在这么愚蠢的工作上？"他满脸质疑。

"你不就是做这个的吗？"

一个星期之后，他告诉我，他开始认真对待这个"愚蠢"的工作，很快体验到了前所未有的感觉。接受了命运的安排之后，他终于尝到生命的滋味，并且看到了从实际情况出发，实现理想的可能性。以往他身在工厂，心思却像迷途的羔羊，终日四处游荡，生活也因此充满了矛盾。

遵奉心灵的本性，按照心灵地图前行，其实并不难。你只需要收回曾经遗弃的东西，一切从实际情况出发，放弃空想。心理治疗有时过于强调改变，导致人们忽略了心灵的本性，盲目追求可望而不可即的"完美"。在《答巴比尼》中，史蒂文斯更清楚地表述了他的观点："现实世界中的道路，比通往来世的道路更难寻觅。"

文艺复兴时期的哲学家常说，人之所以为人，正是由于心灵的存在。我们越是发挥人的本性，就越能接触到心灵。现代心理学常被当成一种治疗方法，试图把人从人生的种种烦恼中解脱出来，而这些烦恼正是人之所以为人的标志。我们总想回避负面的情绪和感觉，错误的选择和不健康的习惯，但如果我们按照心灵地图前行，就会发现，这些"负面的"东西自有其存在的道理。一味回避人性的弱点和失误，只会让我们离心灵越来越远。

当然，有些时候心灵的表达方式并不容易理解，因而心灵地图也扑朔迷离。一位颇有才华的年轻女子曾向我抱怨，她经常一连几天几乎不吃东西，然后狼吞虎咽地大吃一顿，吃完就呕吐出来。这样的循环无休无止，而且她自己完全无法控制。这一问题已经困扰了她三年之久。

如何看待心灵这种痛苦的表达方式？我们是否应该接受可怕的症候和无可救药的强制行为？这种不受理性控制的极端情况，是必然的吗？每次我看到别人如此痛苦时，都要检省我自己遵奉心灵的能力。我是否会因此而厌恶心灵？是否想要扮演拯救者的角色，准备尽一切可能，帮助这位女子从痛苦中解脱出来？我是否能够理解，如此诡谲的症候，其实正是生命中的故事、仪式和诗篇？

任何形式的治疗，无论是生理还是心理上的，其目的都是减轻患者的痛苦。然而对于症候本身，如果要采取遵奉的态度，就必须首先仔细观察和聆听，辨认痛苦所传达的信息。在这种情况下，"无为"反倒比"有为"更容易取得成效，也就是站在问题本身的角度思考，而不是像对抗疗法一样，专注于解决问题。这样的工作本质上是非刚性的，颇具中国道家思想的色彩。《道德经》六十四章说："复众人之所过，以辅万物之自然而不敢为。"这正是跟随心灵的最佳写照。

熟悉心灵地图并不是一件容易的事，需要长时间的仔细观察，以及准确得当的引导。知识和理智会帮我们到达心灵的边缘。许多宗教仪式都以洗手或洒水开始，象征着荡涤心境，清洗掉一切目的、思想和意图。而读懂心灵地图，也可以使用类似的仪式，清除心中的主观想法。

那位年轻女子的心灵，通过食物的意象，展现了她生活的故事。我用几个星期时间同她探讨，食物在她过去和现在的生活中究竟有什么意义。她说，在父母亲面前，她常感到不自在。她想在世界各地流浪，不喜欢待在家里，但由于经济原因，她又不得不跟父母住在一起。她的一个兄弟曾经很暧昧地触摸了她一下，尽管那只是轻轻的一碰，她也十分不舒服。随着谈话逐渐深入，她开始透露出身为女性的复杂感受。

一天，她对我描述了一个梦。梦中，一群老妇人正在户外准备一场盛宴，用大锅在篝火上炖煮各种各样的食物。她们邀请她参与。开始她觉得很生气，不愿与这些头发灰白、衣着简陋的老妇人为伍，但最终，她还是加入了她们的行列。

这场梦所呈现的正是她最害怕的东西：最基本的女性特质。尽管她很喜欢自己的一头金发，也乐意跟女性朋友交往，但十分讨厌月经，更不愿将来生儿育女。这梦境可以看作一个开端，让她认识女性特质的原始根源，只有这样，她才有可能读懂自己的心灵地图。

尽管梦境是在睡眠中出现，却同样是一场效果显著的仪式。我们的职责不是诠释梦中的人物象征什么，而是理解和接受仪式本身的重要意义。为什么她看到一群老妇人站在大锅周围烹制食物，就会感到焦躁不安？经过一番讨论，我发现，这种感觉揭示了她生活中的一些问题。比如，她对自己的身体有一些想法，这些想法让她觉得不安；家中的某些女性让她厌恶，她不想跟她们有任何关系。她还谈到父亲对她的疼爱，以及自己对他的复杂感情。这场梦本身有什么意义，是否可以用来解释她的症候，这一点并不重要；重要的是，它激发了深层次的思维和记忆，而这些都与她的饮食问题有关。这场梦让我们更能将心比心，感受和想象她的境遇。

感受和想象，听起来似乎没有什么，但却是心灵最重要的运行方式。在跟随心灵穿越生活的痛苦时，我们必须感受人类天生的恢复能力，相信"无为"的强大力量，相信"想象"先于"存在"。当我们陷入强制性的行为和情绪时，如果能在想象中看清楚事情的来龙去脉，就可以为自己提供指引，减少这些行为和情绪造成的痛苦。

16世纪的医学泰斗帕拉塞尔苏斯曾说："医师并不是自然的主人，只是她的仆从。所以，医学理应遵奉自然的意志。"这段话同样适用于心灵地图。即使像贪食症这样令人烦恼的问题，也自有其自然意志，而"治疗"某种程度上意味着顺从这种意志。

遵奉之心具有相当强大的力量。例如，如果你遵奉圣诞节的习俗，就会深受节日气氛和精神的触动，如果每一年都是这样，就会累积成深远的影响。而如果你在一场葬礼上担任护柩人，在坟上撒土或挥洒圣水，遵奉之心就会让你深深进入葬礼和死亡的体验中。多年后，这一幕仍然镌刻在你记忆的深处，在你的梦境中反复出现。简简单单的动作，虽发生在日常生活的表层，却可能对心灵产生深远的影响。

跟随心灵的过程是一个无止境的循环。接受心理治疗的患者常问我："你每次听到的都是差不多的事情，不觉得烦吗？"我的回答则是："不会，我喜欢听老故事。"那些反复出现的梦足以说明，重温生活中的素材，原本就是心灵在按照自己的地图行走。

我们会一再回忆相同的事情，从不感到厌倦。童年时的夏天，我常住在一处农场上，听叔叔讲他那些永远讲不完的故事。现在我明白，这就是他处理生活素材的方式：让过去的经历在故事中反复出现，不断发掘更深层次的意义。讲故事是跟随心灵的最好方式之一，它可以帮我们认清生活中循环往复的旋律，正是这些旋律奏出了人生的乐章。而我们要做的只是转移注意力，不再努力解析故事的象征意义，而是关注讲故事本身。

终极的治疗来自爱，而不是逻辑

我师从原型心理学之父希尔曼时，学到的最宝贵的知识之一，就是培养对心理活动方式的好奇心。希尔曼认为，心理学家应该是"心理方面的博物学家"。正如博物学家全身心地关注自然一样，心理学家需要全身心地关注人的本性。这一观念不仅适用于专业心理学，也同样适用于每个人跟随心灵的过程。我们需要培养强烈的好奇心，按照心灵地图，观察心灵在自己和别人身上的表现形式。

弗洛伊德的著作《梦的解析》基本属于这一类心理学。他对自己的梦境进行分析，通过分析结果建立理论，而且他对自己心灵地图的表现形式有浓厚的兴趣。他和我那位叔叔一样，喜欢讲故事和描述梦境，而我叔叔也从故事中总结了一套生活理论。对于自己的经验，我们每个人都可以成为弗洛伊德。对心灵表现形式的好奇，是跟随心灵的方式之一。古今许多心理学理论都指出，终极的治疗来自爱，而不是逻辑。在与心灵有关的事情上，理智并没有多大作用，但是以耐心和关注表现出来的爱，却可以让迷失的心灵重新回归。心理医生面临的问题，无一例外与爱有关，按照常理，解决之道自然也在于爱。

要对自己的心灵产生好奇，需要一个反思和欣赏的空间。通常情况下，我们总是沉湎于自己的心理活动，不会想到退后一步，好好观察这些心理活动。保持一点点距离，就能让我们在与心灵有关的诸多因素中，找出最基本的变化规律。对于这些现象的好奇，可以让我们发现自身的复杂性。通常情况下，这种复杂性只有在激化为问题和烦恼时，才会引起我们的注意；而如果我们对心灵地图中的图例和注记有所了解，或许就能预知问题和烦恼。每次患者向我倾诉他们遭遇的困境时，我总有这样的感觉：他们自认为难以解决、需要专家介入的问题，其实不过是生命复杂性的显现而已。在日常生活中，大多数人总是天真地以为生命和人际关系的本质十分单纯。要跟随心灵，就必须对它的复杂性有所认识。

很多时候，在跟随心灵的过程中，面对内心深处的矛盾冲突，我们必须保持中正。这就需要心胸足够宽广，能够容纳各种各样的矛盾和悖论。

一位 50 多岁的男士告诉我，他发现自己恋爱了，感觉很尴尬。

"我觉得自己很愚蠢，像个小男孩一样。"

我经常听到这样的话，似乎很多人都认为只有少年男女才应该恋爱。对文学艺术史有些了解的人都知道，自古希腊时代开始，爱情就一直被描绘成桀骜不驯的少年。

"哦？你不喜欢这种年轻的感觉吗？"我问。

"难道我就永远长不大了吗？"他满脸懊丧。

"或许吧。"我说，"或许你内心中有些东西永远长不大，或许它们原本就不应该长大。难道你不觉得这种突如其来的年轻感觉，让你朝气蓬勃、充满活力吗？"

"没错。"他说，"但也让我觉得愚蠢、生涩、困惑和疯狂。"

"但那就是青春呀。在我看来，你心中似乎同时有一个老人和一个少年，而老人正在指责少年。你为什么要把'长大'看得这么重要呢？在你心里，究竟是谁在强调成熟的重要？是那个老人，对不对？"

我是在为他心中的少年辩护。他只有敞开胸怀，才能让心中的老人和少年彼此交流，在一定程度上和谐共存。二者间的冲突，或许一辈子都无法完全消解——也不应该彻底消解，因为这样的冲突正是创造力的源泉。心中的老人和少年都有发言的机会，心灵才能显现出本来面貌。尽管我为这位男士心中的少年辩护，却也特别小心地不去指责他心中的老人。避免偏袒任何一方，是为了保护他的心灵，让他有机会在青春和老年、幼稚和成熟的冲突中找到平衡。在这个过程中，心灵会自然而然变得更加宽广，更有包容性。这也是心灵地图的目标。

阴影才是心灵最真实的部分

帮助别人踏上心灵地图之旅的一个小窍门，是带着关怀和开放的态度检视他们所排斥的东西，然后为之辩护。方才我提到的那位男士，把年轻的感觉看成一种负面现象，一个需要解决的问题。我则努力发掘这种现象的意义，而不是按他的要求，去解决"问题"。

我们总喜欢用二分法看待事物，做出非"好"即"坏"的论断；然而，这样简单的两极划分，未免流于武断，忽视了某些"坏"东西的价值。事实上，这正是不了解心灵地图的做法。有时候，我们之所以给某些经历贴上"负面"的标签，是因为心中潜藏着恐惧，害怕受伤。由于环境的潜移默化，我们心中存在着各种各样的偏见，而我们自己却对此茫然无知。用简单武断的二分法看待事物，是导致心灵沦丧的重要原因，因为我们所排斥的，或许正是心灵的一个侧面。

这种观点源于荣格的阴影理论。荣格把阴影划分成两类，第一类是指我们生命中的某些可能性，由于我们的选择，这些可能性没有变成现实。例如，我们所选择的人生道路，会自然而然地投下阴影——我们没有选择的人生道路。对于不同的人，这类阴影的具体内容各不相同，例如性和财富、道德和责任，对某些人来说是阴影，对另一些人则是人生的一部分。第二类则是绝对的阴影，也就是自然和人性中的绝对的"恶"，与我们的选择和生活习惯无关。如果我们意识不到阴影的存在，就会过于天真，很容易受到伤害。荣格认为，与这两类阴影达成一定程度的妥协，可以让我们失去一部分的天真，这对心灵是有好处的。

我们在检视心灵、充分认识自我的过程中，总会遇到各种各样的挑战。方才说的那位男士需要重新认识年轻的感觉，而之前提到的那位年轻女士，则要面对她与父亲和兄弟之间的复杂关系。在跟随心灵的过程中，我们需要敞开心胸，采取更加包容的态度，而不是以伦理为借口，对我们自己的天性加以否定。伦理主义最容易让我们疏远心灵。放弃伦理主义的态度，重新发掘心灵的内涵，可以让我们得到很多启示。而对心中的道德准则提出质疑，并不会导致伦理感的沦丧，反而能增加道德的深度。

在了解心灵的过程中，我们还可能会对"负面现象"产生好感——开始欣赏各种怪癖和叛逆行为，因为这些都是心灵个性的表现。最终我们会意识到，怪异和堕落的行为能投射出心灵的阴影，远比正常行为更能体现个性。

要跟随心灵，就要关心异乎寻常的行为，因为这样的行为和怪癖才是心灵最强烈的表现。一天深夜，一位年届花甲的女士忽然来访，说陪伴她 25 年的丈夫刚刚离她而去，她不知道今后该如何生活。她反复强调，在此之前，她的家族中从未有人离婚，为什么这一切偏偏降临到她头上？在这样的艰难时刻，最让她痛苦的是，她和家族中的人都不一样，她觉得自己肯定有什么严重的缺陷。事实上，这正是她的个性自我显露的方式。或许这就是这一切对她的"意义"：让她意识到自己独一无二的个性。

各个年代的艺术作品都不乏怪异的意象——血腥扭曲的酷刑、曼妙流转的曲线、超现实主义的场景，这些绝不是偶然。很多时候，真理必须以偏离常规的形式来表达。我们自己的生活中同样存在这样的现象。当生活脱离正常的轨道，陷入疯狂和阴影中时，我们不妨先以旁观者的姿态，仔细揣摩这一切的含义，而不要急着让生活回到正轨。探索心灵的异常和负面状态时，我们会逐渐对"正常"产生怀疑，因为正常的表象下可能掩盖着各种各样的分歧。如果所有的经历都千篇一律，心灵就会淡出我们的生活。

悖论，是心灵的本性

跟随心灵与心理治疗的不同之处在于：治疗意味着解决问题，消除病痛；而跟随心灵则是持续的照料和呵护。实际上，人们心中的矛盾和冲突，或许永远无法彻底解决。对于某些问题，你的看法或许会变化，但问题本身却不会消失。

如果我们把心理学的工作视为连绵不断的跟随心灵，而不是一次性的治疗，那么工作的性质就会发生很大的变化。我们可以耐住性子，仔细辨识心灵地图中的图例和注记，发掘被生活的表象掩盖的隐秘。问题和障碍可以为我们提供反思的机会，让我们暂时脱离生活的匆促。在我们驻足思考，探寻心灵地图和内心的本质时，心灵就会自然而然地经历"发酵"的过程，转变也会悄然而至，既不是根据先前的策划，也不是刻意干涉的结果。刻意地、勉强地寻求转变，只会阻碍这一过程。

古代心理学认为，每个人的命运和性格都是在神秘中诞生的，其个性无比深沉隐晦，一辈子都无法完全浮现出来。文艺复兴时期的医生认为，每个人的本质和精髓都是浑然天成的，就像天上的星辰一样。所以，每个人都有自己的心灵地图。现代人却认为，一个人可以有意识地塑造自己的个性。两种观点可谓天差地别。

跟随心灵的理论，脱胎于古代心理学的远见卓识，超越了俗世的自我主义，目的在于按照心灵地图前行，恢复个体生命的神圣。这种神圣性并不仅仅是"生命的价值"，更是个性的神秘内涵。现代心理治疗目标是让患者恢复"正常"，用统一标准规范人们的生活，结果只能令个性萎缩，变得浅薄而苍白。而按照心灵地图前行的人则不然，他们懂得欣赏人类苦难的神秘，并不追求虚幻的"完美生活"。对他们来说，生命中的每一次无知与困惑都是一个机会，让他们意识到内心迷宫深处的那头野兽，其实也是一位天使。**一个人的独特个性，是由两种极端构成的，既包括理性和正常的内容，也有疯狂和扭曲的一面。正常与反常既充满矛盾，又彼此交织，我们越能理解这种看似悖论的情境，就越容易体会心灵的本性。**

很显然，讨论跟随心灵的话题时，我们需要一套与现代心理学和心理治疗完全不同的语言体系。跟随心灵，是一门艺术，只有用诗歌的意象才能表述。神话、美术、宗教和梦境都能提供这样的意象，显露和承载心灵的奥秘。我们也可以向不同领域的专家寻求指引，特别是具有诗人气质的心灵追寻者，诸如古代的神话和悲剧作家、文艺复兴时期的医生、浪漫主义诗人、现代的内涵心理学家等。他们都尊重人类生命的奥秘，拒绝用世俗化的标准约束生活经历。我们需要宽广的视野才能体会到，每个人心中都有一片天空、一方土地，如果我们要跟随心灵，除了理解人类的行为之外，还必须认识那片天空、那方土地。这正是文艺复兴时期的医生帕拉塞尔苏斯的建议："一个真正的医师，必须理解事情的本质，必须能辨认人体之外宏观世界的病症，必须对人之本性具有清楚的认识。只有这样，他才能探究人的内心世界，然后才能检查患者的尿液、测量他的脉搏、了解每件事情的归属。如果对外在的人性，也就是对天和地缺乏深刻的认识，这一切就绝不可能。"

希腊神话中的牛头人身怪物弥诺陶洛斯，居住在迷宫的中央，嗜食血肉，却有一个美丽的名字"阿斯忒里翁"（Asterion），意思是"星辰"。每当我面对眼含泪水的患者，聆听他遭遇的种种苦痛时，我总是会想起这个故事。在他心中骚动的是一头野兽，但也是代表心灵本性的星辰。我们必须以崇敬的态度看待他的苦痛，这样，当我们对野兽流露出恐惧和愤怒时，才不会忘记星辰的存在。

日常生活与心灵地图

Care of the Soul

第二部分

自然与上帝——二者我皆不识，而他们
却对我如此熟悉，这让我惊愕，有如我
人格的执行者。

——艾米莉·狄金森

第二章

心灵的原型形象——父性、母性、孩童

"永恒喜爱时间的产品。"这是英国诗人布莱克的名句。人的心灵在具体的、特定的、平凡的环境中茁壮成长，从繁杂丰富的生活细节中汲取养分。因此，最适合心灵成长、探寻心灵地图的地方莫过于家庭，因为家庭生活的经验包含了人生的方方面面。由于家庭的纽带，你与家人们保持着密切的关系，你熟悉他们的一切，了解他们最细微、最私密的习惯和性情。健康状况的好坏、事业的成败起伏、结婚、离婚，以及各种各样的人物性格、地点和事件的细节，构成了家庭生活的历史，涓滴融入我们的记忆和人格。很难想象，还有什么东西比家庭更能滋养我们的心灵。

每当社会出了问题，我们首先想到的就是家庭生活。看到社会上犯罪猖獗，我们不禁叹息："时代变了，家庭生活不像过去那么美好了。"但是，过去就真有那么美好吗？难道过去

的家庭中就没有暴力吗？事实上，家庭既是美好的，也是恶劣的，对人们既提供支持也构成威胁，无论在哪个时代都是这样。所以，有些已经自立的成年人总是犹豫不决，不知道是否该花时间探望原来的家人：他们既渴望重享亲情的温馨，又不愿勾起痛苦的回忆或是再度激发同家人的矛盾。

今天的心理医生总是特别关注"功能失常的家庭"，然而在某种程度上，所有的家庭都是功能失常的。大部分家庭都有严重的问题，没有哪一个家庭是圆满的。一个家庭就是一个微观世界，能够反映宏观世界的本质——善与恶的对立共存。我们有时会把家庭想象成充满温馨和善意的地方，实际的家庭生活却远没有这么浪漫。家庭生活凸显出人性的种种可能，包括罪恶、仇恨、暴力、性困惑和精神错乱。换句话说，真实的家庭生活呈现了心灵地图的复杂性和不可预测性。

英语中的"功能失常"（dysfunctional）一词以"dys-"这个前缀开头，这不禁让我想起古罗马拉丁文中的 Dis，即神话中的冥府阴世。心灵从地层深处升腾起来，借着"功能失常"的机会进入我们的生命。我们把家庭的"功能失常"当作需要解决的问题，是因为我们凭本能知道，家庭是心灵最重要的居所之一。按照传统的心理治疗理论，我们试着从家庭背景中发掘心理问题的根源，理解问题的形成机制，然后予以解决。然而依据心灵地图的要求，我们既不需要"解决"或"摆脱"家庭中的问题，也用不着任何病理学分析。有时，我们只需要对心灵在家庭环境中的表现进行深刻的反思，重新跟随心灵，就足以挽回失落的心灵。

根据《圣经》的说法，人类的始祖亚当是上帝用泥土造的。潮湿、肮脏、黏稠的泥土就是他的"家庭"。我们都不是从光芒和火焰中诞生的，从亚当开始，我们就是泥土的子嗣。根据学者们的考证，"亚当"（Adam）一词的本义就是"红色的泥土"。我们的家庭正反映了这段人性起源的神话：平凡得像泥土，任由人性的弱点和缺陷生根发芽。在世界各地的神话中，都找得到邪恶的角色和某种形式的阴世。家庭也是如此，无论我们如何期盼，都摆脱不了泥土的阴影。如果我们认识不到这一点，刻意追求"一尘不染"的完美家庭，就会让家庭生活中的心灵成分化为乌有。我们公开美化家庭，是因为无法承受面对事实的痛苦，而事实是：家庭承载着生活和记忆，对我们有时是安慰，有时则是毁灭性的打击。

因此，在某种程度上，我们用不着太在意我们的家庭究竟是幸福温馨还是冷漠暴虐。我当然不是说，家庭的缺陷并不值得重视，不会给身心留下严重的伤痕。然而，在更深的层次上，家庭之所以为家庭，就是因为它的复杂性，其中也包括它的弱点和缺陷。在我自己的家庭中，那位爱讲故事的叔叔是我在智慧和道德上的启蒙导师，但他同时又是一个酒徒，曾因拒绝去教堂而让家人蒙受羞辱。身为心理医师，我接触过的许多患者都经受过家庭暴力和虐待的痛苦，然而这些痛苦都可以弥补，甚至可以成为智慧和心灵蜕变的源泉。我们若能按照心灵运行的路线图看待家庭，接受它的弱点和缺陷，容忍它的不完美，就可以挣脱道德观和感性的限制，窥见人生的奥秘，回归最真实的世界。抽象的原则就会让位给有血有肉、美丑交织的生活。

"家庭"一词有许多种含义。社会学家认为，家庭是一种社会群体或结构；心理学家把家庭想象成人格的源泉；政治家用理想化的方式描述家庭，借以推销传统价值观和相应的政见。但我们每个人对具体的家庭都有切身体会。家庭是一个巢，心灵在这里诞生成长，从这里汇入我们的生活。家庭拥有复杂的历史渊源，以及错综多变的亲族关系——祖父母、叔伯舅舅、姑婶姨婆、堂表兄弟姐妹，等等。它有说不尽的悲欢离合，演不完的喜剧和悲剧；它有光荣的时刻，也有见不得人的隐私；它有精心维护的传统和仔细确立的形象，也有鬼鬼祟祟的越轨行为和荒唐的行径。

我们经常能体验到家庭的两面性：表面上幸福、正常，背后却充满了疯狂和暴虐。我曾听说过许多这样的家庭：表面上如童话故事一般美好——家人结伴露营、星期天团聚设晚宴、外出旅游、互送礼物、玩不完的游戏；隐藏在背后的却是不顾家的父亲、偷偷摸摸的酗酒行为、对某个姐妹的虐待、午夜实施的暴力。电视剧情可以很好地反映这种两面性：先是描述温馨家庭生活的情景喜剧，紧接着就是对家庭暴力的新闻报道。有些人就是相信情景喜剧中的理想家庭形象，努力掩藏自己家中发生的丑事，恨不得自己出生在另一个幸福完美的家庭。然而，要挽回失落的心灵，我们就必须由衷地接受家庭的命运，从中寻找跟随心灵的素材。

　　要达到这样的目的，"家庭疗法"可以采用纯粹讲述家庭故事的形式，完全不要掺入任何因果分析，也不要顾忌周围因素影响。对于讲述故事的人，这些故事足以营造一个博大的神话体系。家庭之于个人，正如人类起源之于人类物种一样，家庭的历史能提供一系列繁复交织的意象，每个人都一辈子浸淫其中。希腊神话、基督教、犹太教、伊斯兰教、印度教和非洲的神话，分别塑造了相应的社会；同样地，家庭的故事——专属于家庭和个人的神话，也塑造了我们每个人的人格。我们谈论家庭，实际上谈的是那些彼此交织、密不可分、共同构成我们个性的人物和主题。找到心灵地图的关键并不在于理解、分析和改善，而是复苏家庭生活的意象，以充实我们的个性。

　　要借助家庭这个纽带找到自己的心灵地图，就必须学会欣赏他们的故事和里面的角色，让故事中的祖父母和叔伯舅舅变成神话中的形象，让原本熟悉的家庭故事在一次次的讲述中逐渐具备典型意义。今天的教育和媒体报道中充斥着"科学性"的腔调，让我们无意中成了家里的人类学家和社会学家。我询问患者的家庭情况时，经常会听到这样的回答："我父亲喜欢酗酒，作为一个酗酒者的孩子，我自然倾向于……"这就不是故事的讲述，而是理性的分析。家庭不应该被"陈列在实验台上"供人解剖。更糟糕的是，专业的社会工作者和心理学家也会以这样的腔调开场："治疗对象为男性，生长环境为同时信奉犹太教和基督教的家庭，其母亲具有自恋倾向，父亲则具有共依存倾向。"在如此简单化的分析过程中，家庭生活的心灵成分连一席之地也没有。我们必须用更认真的态度，从另一个角度考虑家庭，同时接受它的美好和阴暗，扮演聆听者的角色，而不是在故事讲完之前妄下评断。如果急着"纠正"患者家庭的"错误"，就会与它的独特精神和个性失之交臂。

如果我们仔细观察心灵在家庭生活中的表现，尊重故事的内容，而不是对其阴暗面讳莫如深，那么，或许我们就不会把家庭的影响视为无法摆脱的束缚。身为心理医生，每当我听到患者讲述父亲或叔叔的虐待行为时，总会探询虐待者的生活细节。在他的暴力行为背后，究竟是一个什么样的故事？其他家庭成员又在其中扮演了什么角色？他们讲的是什么故事，又隐藏了哪些秘密？

一位名叫大卫的年轻人对我抱怨说，他跟母亲实在相处不来。我之所以把他称为年轻人，是因为"长不大"是他最显著的气质。我们第一次见面时，他已经 28 岁了，但看起来好像只有 16 岁。他一个人租房住，每个周末都"回家"跟母亲一起过。然而每次回家，他都觉得母亲在窥探他的隐私，干涉他的生活，甚至强迫他打扫房间。母亲经常对他说："你跟你父亲简直一模一样。"其实他父母几年前就离婚了。

"你真的很像你父亲吗？"我问。

他满脸惊讶。"我母亲才是问题所在。"他说，"不干我父亲的事。"

"但我还是想问，你父亲是怎样的一个人？"

"他总是四处奔波，我很少能看见他。他身边的女人总是换个不停。"

"你像你父亲吗？"

"不像，我连一个女人都没有接触过。"

"是吗？"

"除了我母亲。"

接下来他对我说的话，是我从许多患者口中都听到过的：

"我不愿意像我父亲。"

我们的双亲中，或许有一个或两个的行为太过分，让我们深受其苦，于是我们下定决心，绝不重蹈他们的覆辙。我们尽可能逃避父母的不良影响，拒绝认同他们，殊不知，这样只会适得其反。我们之所以不愿意像自己的父亲或母亲，通常是因为他们的某些特质，让我们从小就看不顺眼。但这样的压抑不仅不能真正消除这些特质，还会带来另外一些问题。大卫努力避免成为他父亲那样的人。他不想结交很多女人，结果连正常的感情关系都抛弃了；他不想四处漂泊，结果离不开他母亲的家；他不愿意像他父亲，结果在他身上，几乎没有一点点父性。

我跟大卫谈论他的父亲，但是没做任何形式的评断，因为正是对父亲的负面评断，才造成了他跟父母感情的裂痕。我鼓励他讲述父亲的故事。从他的讲述中我发现，他父亲的童年与大卫非常相似。我开始理解他父亲为什么选择漂泊。原来他父亲一直在刻意同儿子保持距离。现在儿子对父亲的生活产生了新的兴趣，于是坚持跟父亲联络，找机会谈心。

　　大卫不再排斥和拒绝自己的父亲，这样他就能更加直接地检视自己的内心。不管他喜不喜欢、承不承认，父亲的精神其实一直在他心中，而他可以把这种精神作为原料，塑造自己的生命。当初为了逃避家庭生活的"污染"，他不惜让自己的心灵变得贫瘠，而现在，他的选择终于让心灵重新丰富起来。通常，我们越是试图逃离"功能失常"的家庭，就越容易掉进纠缠不清的悖论陷阱。逃离的意愿越强烈，就越会在潜意识里造成反作用——离不开家庭，比如像大卫这样，认为"家"就是母亲所在的地方。

　　重返家庭，拥抱过去所否定的东西，往往能催生意想不到的"化学反应"，令最恶劣的家庭关系也发生显著的变化。而如果按"正常"的标准勉强改造家庭生活，只会阻断这种反应。跟随心灵的最好方法是接受事实，平心静气，让想象力发挥催化作用，而不是盲目地幻想和勉为其难地改变。谈论家庭时，我们可以把它当作一个简单的概念，我们把它想象成什么，它就是什么。随着时间的流逝，这种想象会加深，也会发生变化，让被怨恨和成见捆绑的心灵得到解放。可以肯定的是，大卫诉说他父母故事的过程，对他跟双亲的关系产生了影响。通过新的、更深一层的想象，他摆脱了以往的成见，这样他就可以用之前所不了解的方式，重建自己与双亲的关系。尽管他的双亲没有任何改变，但大卫自己找到了新的生活方式，不再一味保护自己，而是能对双亲敞开心扉。

当我们不加任何评判和分析，平静地讲述家庭的故事时，现实中的人物就会升华为抽象的角色，孤立的情节就会组成宏大的篇章。这样，家庭的历史就转化成了神话。无论我们是否知晓，其实我们对家庭的看法，完全植根于自己的想象。"家庭"表面上是一种具体的存在，实际上却是想象中的概念。找寻心灵地图的任务之一，就是从家庭历史和记忆的细节中提取神话。因为想象力的增加，永远都意味着心灵的滋长。

每个人的家庭神话，内容各不相同，却具有一些共同的特征。家庭中的每个成员都代表了人类家庭的原型，也就是日常生活中的神话。有关父亲、母亲和孩子这三种角色的想象空间无穷无尽，在此我提供一些简单的暗示，包括对文学作品和神话故事的援引，而如何开拓和发掘想象的空间，还要靠你自己。

父性精神

荷马史诗《奥德赛》是人类历史上最不寻常的神话故事之一，讲述了一个男人努力找回他的父性、一个妻子盼望丈夫归来、一个儿子寻找失踪的父亲的传奇。在《奥德赛》的开头，身经百战、在归途中迷路的希腊英雄奥德修斯坐在海岸边，想念着家中的儿子、父亲和妻子，恨不能立即回家团聚。在思念和忧郁中，他提出了一个著名的问题："有任何人能知道他的父亲是谁吗？"无数男男女女都曾以不同的方式提出过这个问题，这也是心灵迷失的重要原因。假如我的父亲已死或是离家而去，或是他性格残暴，曾经虐待过我，又或者他是个好父亲，但现在不在我身边；那么现在，我的父亲究竟是谁？我该向谁寻求生活中需要的保护、指导、信心、知识和智慧？我该如何唤醒父性的神话，才能让生命有所依托？

奥德修斯的故事提供了很多线索，让我们寻找那个难以捉摸的父亲。然而，和很多读者预期的相反，故事并没有从漂泊中的父亲开始，而是首先描写奥德修斯的儿子忒勒玛科斯，他因为受不了竞相追求他母亲的求爱者，愤然离家寻找父亲。这个故事从一开始就呈现出"父亲缺席导致家庭功能失常"的意象：因为父亲不在，家中一片混乱，充满了矛盾和哀伤。另一方面，故事以忒勒玛科斯的郁郁寡欢作为开始，这也告诉我们，儿子所有关于父亲的经验，包括了父亲的缺失和儿子对他归来的期盼。就在忒勒玛科斯思念父亲的同时，奥德修斯坐在同一片海边的另一处海滩上，心中同样充满了团聚的渴望。如果我们把《奥德赛》视为心灵中父性的故事，那么就在我们还因为父亲不在而困惑时，父性已经被我们唤醒了。就在我们担心他的下落时，他正在努力设法回家。

荷马告诉我们，在夫妻分离的那些年里，奥德修斯的妻子珀涅罗珀在家里为丈夫织寿衣，但每到晚上，她就把织好的部分拆掉。这正是心灵习性的一大奥秘：一件事情被完成的同时，也正在被摧毁。曾有一位三十来岁的男士找我，他说他与父亲的关系充满了矛盾，他很难主导自己的生活。他对我描述了他的一个梦：父亲拥抱他，要把他留在身边，而他告诉父亲他还有太多的事情要做，非得离开不可。后来他的兄弟出现，拿走了他所有的财物。在这场梦里，父亲的和解态度跟财物的丧失之间存在着某种联系，这与《奥德赛》的主旨相去不远。有些时候，我们只有感受到欠缺和空虚，才能唤醒生活中的父性。

与此相似，《奥德赛》的主题中有一点颇为令人不安：诸神为什么不垂怜这个破碎的家庭，允许奥德修斯径直回家？为什么一定要让这位父亲在海上漂泊十年，经历重重艰难险阻，最后才能返回家中，让生活恢复安宁？我能想到的唯一答案是：这段漫长艰险的旅程，正是塑造父性的必要条件。奥德修斯返归家园的旅程，与基督教诺斯替主义关于灵魂来历的说法相近，后者认为，灵魂穿越群星降临在地球上，沿途搜集在人间生活所需的种种属性。我的父亲是谁？**只有当心灵完成漫长的旅程，带着爱、性、死亡、冒险和来世的故事回归时，我们才知道答案。**如果感觉到生命中父性缺失，我们最好不要勉强将父性灌输进自己的性格，而应该敞开心胸，跟随心灵，经历一场完全没有计划、不受控制的冒险之旅。

在许多传统文化中，一个少年要步入成年人的行列，必须聆听族中世代相传的秘密故事。族中长辈负责教导他们各种礼仪和技艺。有时候，即将成人的少年需要接受某些特别设计的考验，以唤醒他心中"成年人"的一面。这些考验的目的在于激荡年轻人的心灵，让他的性格发生巨大的转变。

奥德修斯经历的一重重严酷考验，正像是父性的"成年仪式"。食忘忧果的人让他晓得，不可耽于安逸；独眼巨人让他明白，生活不可缺少法律与文化；魔女喀耳刻和海神卡吕普索引他一窥爱情的奥秘。他旅程的核心部分是探访死者聚居的冥府，在那里他见到了去世不久的朋友、他的母亲、瞎眼的先知泰瑞西斯，还有那个时代的其他杰出人物。要唤起真正的父性，也就是我们的心灵地图，绝不能单纯靠蛮力，而必须通过这样的入门仪式，让心灵真正融入家庭和文化中。同时，我们还要探索自己的内心，跟记忆中的先人们交流一番。历史和文学的深层次熏陶，可以让人们成为优秀的父亲。

在今天的家庭里，父亲的地位日渐淡薄，原因可能是，作为我们心灵中的重要人物，父亲的形象在整个社会中都处于缺失状态。我们用信息取代了隐秘的智慧，但信息并不能唤起父性。如果我们的教育能同时重视思想和心灵，或许我们就能通过学习建立起父性。今天，我们不但不去探视死者，还刻意遗忘死去的人和他们生前的事迹。肯尼迪和马丁·路德·金遇刺身亡，美国警方和媒体对这两桩案件的调查和报道，重点聚焦于具体事件和破案过程，却对谋杀案的深层意义毫无兴趣。然而，《奥德赛》提醒我们，如果不带着虔敬的心和庄重的态度探视死者，我们就无法在心灵中建立坚实的父性。缺少了父性的真正精神，我们只能拥有替代性的父亲——那些出于个人利益愿意扮演这个角色的人。他们提供的只是表面上的父亲身份，而不是父性的真髓。

　　我并不是说，要唤起父性，你就必须去经历生活。奥德修斯并没有经历生活，而是完全出脱于生活之外——同魔女与海神调情勾欢，与怪物斗智斗勇，甚至拜访冥府。奥德赛式的冒险并不是经验的积累，而是一场充满变数、险象环生的心灵地图之旅。一个真正的父亲，必须从逝去的先人那里汲取知识，从他们身上寻找智慧和道德感，继承他们创建和承传的文化。这些开创了文化渊源的先人，与他内心深处的回忆和反思一起，为他打开了父性之门。

　　心灵地图中的父性是荣格所谓"魄"（animus）的一面。"魄"可以是任何男人、女人、家庭、组织、国家和地域所包含的父性精神。一个国家同样可以经历一场奥德赛式的冒险，最终唤起父性的精神，找到前进的方向。忒勒玛科斯和他的父亲在同一片海上历尽艰险，其象征意义在于，如果我们从身为人子的角度感应到父性的缺失，就必须投入与父性的"入门仪式"相同的冒险，才能同父性精神建立联系。我们必须敢于探索未知，敞开胸怀迎接心灵的改变，才能发现心灵地图的内在。

　　现代心理学和心理疗法有一个缺陷：过于注重可知的目标——所谓正常的、人们普遍接受的价值观。曾有一位心理学家说，人人都必须占据主动——这就是她对健康的定义。然而有些时候，我们也需要处于被动地位，敞开胸怀接纳各种经验，就像奥德修斯所做的一样。另一位心理学家则说，人们必须跟别人建立亲密的关系——这就是人生的终极目标。然而，我们的心灵同样需要孤独与个性。

　　这些心理学家制定的目标过于专断了。如果把注意力集中在单一的价值标准上，我们就拒绝了无数种与该标准不吻合的可能性。奥德赛的故事，是心灵多面性的一个写照。只有承认心灵的多面性，敞开心胸探索未知，我们才能获得新的发现和启示。故事中的大海象征着命运，即我们生而历经的世界。每个人的世界都是独一无二的，完全无法预知，因而也充满了危险、乐趣和机遇。要想成为自己生命的父亲，我们就必须熟悉这片大海，敢于在它的波涛中航行。

　　我在这里所说的父亲，是指深层次的父性形象，这一形象植根于我们的心灵地图中，为我们提供一种权威感，让我们觉得自己是生命的主宰。《奥德赛》为这一过程添加了一段有趣的主题。奥德修斯远在他乡时，曼托尔在他家中代行父职，负责照料家园、教导他的儿子忒勒玛科斯。我们生活中的父性形象分为两种。其中一种是替代性的父亲，表面上担任父亲的角色，但却干扰我们的心灵追寻父性的旅程。另一种则是曼托尔式的角色，是我们的良师益友，即使在教育和指引我们时也保持着限度，绝不篡夺父性的地位。有些教师似乎并不了解，他们的学生需要经历自己的冒险，逐渐发掘自己心灵中的父性。他们只是期望学生成为自己的复制品，遵循相同的价值观，追求相同的信息。商界和政界的某些领导人物，则专注于向社会推销个人的意识形态，而不是担任真正的良师。他们不了解，民众必须展开自己的集体冒险，才能在整个社会唤起心灵层面的父性。曼托尔式的导师具备真正的智慧，他们的乐趣源于灌输父道，而非篡夺父权。

《圣经》给我们以"在天之父"的意象，而《奥德赛》则讲述了父亲在海上漂泊的故事。父亲在海上追寻父性之时，我们需要曼托尔式的导师，也就是生活中的父性形象，以免心中的父性流于泯灭。但他不是我们心中标准的父亲在某些人身上的"投影"，只是父亲在日常生活中的代表，因为真正的父亲永远都在海上漂泊，致力于父性的缔造。我们迫切需要生活中的父性形象，因为他们可以激起我们心灵地图中的父性，为我们提供智慧和指引。从这一意义上看，国家领导人的"形象"对社会来说，可能比他们的实际成就更为重要。这里所说的"形象"并不是指他们通过宣传建立起来的表象，而是集领导者、辩论者、策划者和决定者于一体的身份，这样的意象具有真实的父性意义，所以能让人们产生安全感。

在文化上，我们也面临着父权的崩溃。女权主义者认为，女性长期以来受到的压迫是男权统治的结果。这一批评很正确，但政治上的父权并不等于心灵中的父权。父权指的是绝对的、深远的、原型的父性。我们需要父权在深层次上的回归。倘若一方面遵循表层的、压迫性的父权，另一方面却又批评它，那我们永远走不出死胡同。在这种分歧中，我们找不到父性的真正精神，而无论是整个社会，还是我们每一个人，都需要这种精神。

神话告诉我们，一旦脱离了日常生活的争斗——为生存而进行的特洛伊战争，在想象力之海的岛屿之间漂泊，我们就能找回心灵地图中的父亲。一路上，我们屈服于诸神降下的风雨，让心灵逐渐接受地理和社会生活方面的教育，从而树立起父亲的形象。为了寻求心灵地图的父性，我们必须保存离家、漫游、思念、忧伤、别离、混乱和冒险的经验。寻找父性没有捷径。按照心灵的纪元方式，我们足足需要十年时间，才能建立起坚实的父性意识，也就是说，心灵的奥德赛永远都在进行之中。它有结局，有酬劳，但也永远前行不止。心灵中的时间是重叠的：我们永远在海上航行，永远航向一座新的岛屿，同时也永远都在返航回家，期待着经历过这一切刻骨铭心的冒险之后，我们心中的父性最终能得到承认。

如果缺少父性的指引和权威，我们就会失去控制，找不到生活的方向。在这个混乱的时代，我们尤其应该努力祈祷，从内心深处发出诚挚的呼唤："我们在天上和海上的父，愿世人都尊你的名为圣。"

母性精神

古希腊还流传着另一个关于家庭的神话故事，这一故事备受尊崇，以至于在"伊琉西斯秘典"中有专门对应的仪式。仪式的焦点是女神德墨忒耳失去她心爱的女儿珀耳塞福涅的故事。这个故事在古希腊人精神生活中的重要地位说明，母性同样是心灵的奥秘之一。

一个神话故事往往同时指向许多不同层次的经验。这对母女的故事，不仅在现实生活中的无数母女之间上演，而且包含在我们自己和其他母性形象的互动关系中——这些形象有男有女，有时甚至还包括那些充当"母亲"的组织机构，如学校或教堂等。在我们内心深处，这个故事则显现出心灵各个层面之间的紧张关系。

故事记载在古老的《荷马史诗·德墨忒耳颂》中。在故事的开头，珀耳塞福涅离开母亲，独自在外面摘花——玫瑰、番红花、紫罗兰、鸢尾花、风信子和水仙。诗中告诉我们，大地生长出水仙花，是为了诱惑人们。这种花儿明艳绝伦，任何人见了都会惊讶万分。它有一百个花冠，散发出的芬芳让天地和海洋都陶醉其中。

珀耳塞福涅正伸手去摘水仙花，大地忽然裂开了，冥王哈德斯从中现身，将她掳上黄金战车扬长而去。除了太阳和月亮，没有人听见珀耳塞福涅的呼唤。众神之王宙斯有事不在，而且按照诗中的说法，他也默许哈德斯的行为。最终，德墨忒耳听见了女儿的哀哭，顿时"心如刀绞"。她立即扔掉头上的冠饰，弃绝天界的饮食，去寻找她的女儿。

在希腊神话中，哈德斯是冥府之王，具有隐身的能力。他统辖的是世间的精髓，是生命中不可或缺却又隐而不见的永恒因子。古希腊人认为，冥府是灵魂的居所，而我们如果想拥有深沉的心灵世界，就必须同冥府保持某种联系。我们已经看到，为了修炼父性，奥德修斯就曾经拜访冥府。俄耳甫斯也有过同样的经历，并且发现从那里返回阳世非常艰难。在死亡和复活之间，耶稣曾旅经死者的国度，而但丁的朝圣之旅也是从那里开始。在这些故事中，"冥府"的意象都与实际的死亡有关，同时也代表个人或社会隐藏的、神秘的、深不可测的内心。

珀耳塞福涅的神话告诉我们，有些时候，我们并不是出于本意才发现我们的心灵与冥府的。某些凡世间的事物可能成为诱饵，勾引我们坠入自我的深渊。我曾认识一个人，他的生意做得很成功，把家人也照顾得非常好。一天他突然心血来潮，决定参观本地的一家美术馆，以前他从未去过那里。馆中展出的一些摄影作品深深打动了他，他当下决定做一名摄影师。于是，他把生意转让给别人，放弃了丰厚的收入和优裕的生活。那天他看见的照片，就像珀耳塞福涅看见的百冠水仙花一样，莫名地吸引了他；在美术馆中，地面仿佛在他眼前裂开，他的想象力完全被掳走了。他的妻子扮演了德墨忒耳的角色，为曾经的安逸生活而悲叹。然而对他来说，艺术的吸引力是如此之大，他情愿任过去的生活彻底倾颓。

家长都知道，孩子很容易受危险人物和活动的吸引，结果就可能误入歧途。对孩子来说，越轨的行为往往很有吸引力，但在家长看来，这只会毁掉他们的心血，让他们教育子女的苦心付诸东流。珀耳塞福涅的故事可以看成是每个孩子的神话，而我们必须认识到，孩子容易受阴暗面吸引的事实，固然有危险性，但有时也是培育心灵的唯一途径。

我认识的几位女孩子，曾经亲身体验过珀耳塞福涅的经历，这让她们的人生发生了巨大转折。她们原本都是珀耳塞福涅式的清纯女孩儿，但后来受到邪恶男子的勾引，跟随他们进入毒品和犯罪的世界，做以前想都不敢想的性爱实验。其中有一位女子做过一连串的梦，梦里有一个看不清面目的男子，躲在楼梯下面的阴影里，浑身散发着杀气。原本很清纯的她，在做这个梦两年之后，个性改变了，变得更加复杂与世故。其实，她的引诱者来自她内心深处。

　　这种情况牵涉到的人，无论是实际生活中为孩子操心的母亲，还是任何受到情感深渊吸引的人，都会丧失纯真，而这样的丧失很可能带来心灵的痛苦和困惑。心理学家贝瑞将这种母性的哀伤形容为"德墨忒耳式的抑郁"。德墨忒耳得知女儿被拐入冥府之后，立即丧失了对衣食的兴趣，她这样做，正对应着女儿在日常生活中的退隐。这位母亲的抑郁，一方面反映出她对女儿命运的同情，另一方面也显现了她对诸神袖手旁观的愤怒。

　　德墨忒耳和珀耳塞福涅是同一个神话故事的两面。我们心中都有两股力量，其中一股用水仙花般的诱惑吸引我们，将我们拉向深渊，另一股则努力让我们留在正轨上，遵守熟悉的、正常的价值准则。德墨忒耳对珀耳塞福涅的母爱，以及她不懈的追寻，终于让女儿寻到了灵魂的世界，而没有在途中丧生。德墨忒耳的故事展现了母亲面临的终极考验：既要保持对孩子的关爱和期待，但在孩子经历心灵转变时，又要全心全意支持她。它告诉我们，为了保护必须面对危险和诱惑的孩子，母亲需要付出多么深切的爱，每个人在心灵受到危险的事物诱惑时，都需要母性的关爱与呵护。

所有的母性，无论是在家庭中还是个人的内心深处，都是由真挚的关怀和强烈的痛苦组成的。基督教中圣母玛利亚的伟大意象，既是抚慰凡人的圣母，也是"悲伤的母亲"。在这两种情感中，母亲都与孩子维持着紧密的联系，即便自己忍受痛苦与愤怒，也要允许孩子去经历生活，追求心灵与个性的成长。

在一个没有冥府、没有灵魂、没有任何神秘性的世界中生活，有时这样的想法具有相当强烈的诱惑性。在故事中，德墨忒耳发现宙斯默许了哈德斯的诱拐行为后，决定化身凡人前往俗世。在雅典附近的伊琉西斯镇上，她找到了一份平常的工作，在一户人家当保姆。

贝瑞认为，德墨忒耳迁居到凡间，过世俗而正常的生活，是对冥府吸引力的一种抵抗。有人陷入抑郁或烦躁时，朋友们会这么劝他："尽可能忙起来吧，别去想它。"即使专业的心理学家有时也会建议人们，把全副心思放在日常生活的琐事上，免得受到"胡思乱想"的诱惑。从德墨忒耳的角度看来，女儿被诱拐到阴森的冥府，完全是一桩无法容忍的暴行。然而从宙斯的反应来看，这场诱拐事件的发生有其必然性。既然宙斯都允许了，那么不管发生什么事，都完全符合神的意旨。尽管某些经验会夺走我们的纯真，改变我们的生活，让心灵更加复杂深沉，但我们还是会受到这些经验的吸引，因为这原本就符合心灵地图的本质。

　　德墨忒耳在人间做起了保姆，照顾一个名叫德墨芬的男婴。她悉心照料着他，用神油涂抹他的身体，往他身上呵气，把他抱在怀里——这表现了一位神祇对凡间生命的精心呵护。每天晚上，德墨忒耳都把婴儿置于火中，以赋予他永恒的生命，结果婴儿的母亲看见了，吓得尖叫起来。德墨忒耳对凡人的无知感到非常生气，大喊："什么是福，什么是祸，你都分不清楚。"——这正是心灵地图想告诉我们的：有时候，如果能从更宽广的角度来看，凡俗观念中的危险事物，可能令我们受益。

　　为凡人充当保姆的短暂时光里，德墨忒耳教给了我们许多为人之母的道理。她向我们展示了，母性不仅包括凡俗性质的养育，还有神性的一面。她把孩子放在火中，是为了焚去他身上的尘俗，让他获得永恒的生命。"永恒的生命"并不只是字面上的意思，还可以理解为心灵的深层空间。只有让孩子经受生命激情的焚烧，才能炼就心灵的长存不朽，这就是德墨忒耳式的为母之道。养育孩子，不仅要培养他的生存能力，更要指引他去探索内心和命运的奥秘。

　　身为心理医生，我常常遇见自认为充满母性的男女，他们过度追求神话中的母性原型形象，结果反而陷入了曲解、夸张和强迫的纠缠。甚至有些人一旦面对需要母爱的人，就会丧失理性和自制。有些人说，他们结婚是因为对方离不开自己的呵护。女性容易被身心受过创伤、敏感柔弱的男子以及尚未成熟的大男孩吸引；男性则往往对娇柔脆弱的女子情有独钟，觉得她们需要"母性的"保护与指引。要解决这些由"母性情结"

引发的问题，就需要对母性有更深层次的理解。当我们要给他人以母性的关怀时，最好的方式往往不是自己扮演母亲的角色，而是设法唤起对方内心中的母性。

德墨忒耳和珀耳塞福涅的故事告诉我们，为母之道，绝不仅仅是照顾孩子的直接需要这么简单。母亲必须认识到，每一个孩子都有独特的心灵与个性，而为了保护这种个性，哪怕是必须牺牲通常意义上的"正常"与"安全"，也应该在所不惜。让孩子在命运和经历的烈火中淬炼，的确与母亲保护子女的天性不符，然而神话告诉我们，凡间的母性和神界的母性是不同的。后者的视角更加宽广，是母爱在更深层次上的表现形式。

故事中，德墨忒耳随即显露出神性，要求这一家人建造祀奉她的庙宇，于是她从凡人保姆回归到受人尊崇的女神身份。每个人都可以为心灵地图中的母性建造一座庙宇，赋予其神性的色彩。这样，每当我们发觉自己耽于为人之母、对别人的需求过度敏感时，就可以努力唤起母性之神，而不是自己勉强扮演德墨忒耳的角色。

就在放弃了凡人的保姆身份之后，德墨忒耳命令五谷与果实不再生长，使凡人的生存濒临绝境。在日常生活中，当我们开始接触德墨忒耳的秘密——接受心灵深渊的诱惑，从而形成独立的个性之时，外部世界可能会丧失一部分的意义，正如大地不再长出五谷一样。德墨忒耳是农耕之神，代表了为我们提供衣食、满足我们基本生存需求的大自然。当我们沉溺于心灵受到的诱惑中时，大自然的外在影响就会削弱，而我们内心中的活动则开始占据主导。

故事发展到这里，德墨忒耳的做法给每个人都带来了痛苦，宙斯不得不出面仲裁，试图寻找妥协的方法。然而哈德斯坚持认为，他对珀耳塞福涅的占有是合法的，而德墨忒耳则不依不饶，一定要哈德斯把女儿送回阳世。宙斯派彩虹女神伊里斯去见德墨忒耳，求她回到诸神的居所，但伊里斯没能完成使命。于是宙斯轮番派出诸神，但诸神都无法说服德墨忒耳，让大地重新长出五谷。最后，宙斯派出最为擅长仲裁调停的赫耳墨斯，并要求哈德斯协助。

哈德斯"阴郁地笑了笑，没有违抗众神之王宙斯的谕旨"。他告诉珀耳塞福涅回到她母亲身边，但就在珀耳塞福涅离开之前，他劝服她吃下石榴子，这样她就永远不能彻底摆脱他。从此之后，珀耳塞福涅有三分之一的时间必须跟哈德斯共度，其他时候则陪伴母亲。

我的一个学生曾指出，这正好是睡眠和清醒时间的比例。每天夜里从我们内心涌出的意象和情感，或许与白天并不相同，而且有时会格外清晰鲜明，令人不安。有些夜晚，在甜美的梦境中，我们会窥见那朵拥有一百个花冠、美得超凡脱俗的水仙花，但也可能感受到对黑暗冥府的恐惧。我们一生的时间里，至少有三分之一是被司掌死亡的哈德斯管辖；我们也都曾感受过关系破裂、希望破灭、事业失败的痛楚。

要在代表阴暗死亡的哈德斯和代表蓬勃生命的德墨忒耳之间寻求和解，必须求助于赫耳墨斯——以他命名的"释经学"，也就是在寻常人生经历中发掘诗意的艺术。从赫耳墨斯式的观点出发，我们会发现，阴暗幽深的经验是可以与日常生活共存的。故事告诉我们，赫耳墨斯能够恢复"母亲之心"（她一心想让生命茁壮成长）和"女儿之心"（她一心向往未知世界，甚至宁愿放弃生命）之间的关系。在赫耳墨斯的帮助之下，我们可以"看透"抑郁和自毁倾向、玩火行为和不良癖好，然后探寻这些倾向是何种意义的表达，究竟在我们的生活中起到了什么样的作用。

许多母亲都有这样的问题：过于关心孩子的幸福，把母亲的角色看得太重要，以至于不愿让孩子发展个性，养成与她们不同的独立人格。我常听到女人说，她们不想变得像母亲一样，也常听男人抱怨，他们不愿被母亲摆布。除开个人因素，我们会发现，这些情况都是德墨忒耳与珀耳塞福涅的神话在现实生活中的反映。**我们都需要探索心灵的深渊与阴影，只有这样，才能培养出属于自己的个性；然而在这一过程中，我们又不能放弃内心中母性的指引，因为只有这样，才能维系正常的社群生活。这也是心灵地图本来的样子，阴影与光芒同在。**

只有在经历过阴暗与危险之后，我们才算长大成人。我们完全可以在这种"成年仪式"的考验中存活下来。任何真正的入门仪式，都是从死亡走向新生。就像珀耳塞福涅从冥府归来，就像大地重新长出五谷果实——从心灵的深渊回归到生生不息、丰饶充实的人生。

后人以"冥后"称呼珀耳塞福涅，用绘画和雕塑表现她坐在冥王哈德斯身边宝座上的形象。尽管回到母亲身边时，她也会像一般人家的女儿一样，向母亲详细讲述她被诱拐的经过，但她在冥王那里获得了崇高而永恒的地位。心灵植根于阳世的同时，也需要在冥府阴世建立起长久存在的基础。

一生中，我们大都有过三四次珀耳塞福涅式的经历，在讲述这些经历时，我们会说："熬过这个阶段之后，我变得更加成熟了。"伴随我们熬过这些经历的，是内心深处的母性，那种对生命、收获和生生不息的渴求。对生命的这份热爱是德墨忒耳赐予我们的礼物，越是遭遇严重的威胁，就变得越发坚定而强烈。尽管这个世界时刻遭受各种死亡力量的侵袭，生命却永远丰饶兴旺。

这个故事同样能帮助我们思考死亡本身。哈德斯可能会通过某种死亡经验——他人的过世或是我们自己的濒死体验把我们引向冥界。只有全心全意信仰生命，我们才敢于接受死亡的影响，经历了脱胎换骨的转变之后，再回到原先的生活中。

睿智的母亲都知道，若要让孩子真正长大成人，就必须允许他经历这种伊琉西斯式的成年仪式。我们无法把所有引向堕落的诱惑都隐藏起来。我们千方百计想让孩子免于死亡的污染，不愿让他接触任何人间疾苦，然而最终总是徒劳无功。健全的母爱，要允许孩子去冒险。深层次的母性，意味着德墨忒耳般的大度——既深爱着她的女儿，又能尊重其他神祇的意旨和要求。

故事结束时，德墨忒耳令大地重新长出五谷和果实，恢复旺盛的生机。歌者提醒我们，哈德斯是司掌财富的神祇。德墨忒耳和哈德斯都能给人们带来富足，然而他们之间的和谐，又往往表现为相互矛盾的形式。诗歌的末尾是一段祷词，向德墨忒耳这位最伟大的母亲祈求：

> 您赐予我们如此丰厚的馈赠
>
> 您带来四季
>
> 尊贵的女神，承您之佑
>
> 您以及您美艳绝伦的女儿珀耳塞福涅
>
> 请接受我的颂歌，赐予我
>
> 我心渴求的那种生活

孩童精神

在罗马天主教堂的午夜弥撒中，唱诗班一开始就会赞颂："圣婴已降临在我们中间。"圣诞节就是庆祝耶稣以婴儿和神祇的身份降临人间。许多宗教中都有圣婴的故事，不仅表现了神祇的童年，也呈现了童年的神圣性。神话中的母亲是所有生命的基本法则，而圣婴则是所有经验的一个层面。荣格从讲述英雄童年的神话故事中获得灵感，提出了心灵"原型孩童"的概念，用来描述人生中所有遭到遗弃、赤裸脆弱，同时又具有神性力量的东西。在这里，我们又一次体会到了悖论的丰富意义：一个同时具备力量和弱点的原型形象，有如拥有正反两副面孔的罗马人的保护神雅努斯。

许多文化的神话故事中都有这样一个小孩，被父母遗弃，在野外或贫贱的养父母家中长大。这种小孩的一个特质，就是完全暴露在命运、时间和环境之中，缺少更有人情味的保护。然而，这样的暴露正是促使小孩茁壮成长、获得力量和新生的原因。暴露在生活中，既是一种风险，也是一种机会。在我们最脆弱的时候，内心中的小孩一方面孤苦无依，另一方面却又跃跃欲试，准备在生命中扮演特别的角色。

一些现代心理学派把"心中的孩童"视为创造力和自发性的代表，但荣格所指的孩童则更为复杂。只有承认和接受这个孩童的脆弱，而不是逃避，我们才能接触到他的力量。与孩童的无知和无能相伴的，是一种特殊的力量。梦中，我们经常看到被遗弃的小孩在街上流浪，不知何去何从。这样的梦境反映了我们心灵的童年。醒来时，我们可能会下决心，永远不让自己显得如此迷失和狼狈。然而，若想承认和跟随心灵中的小孩，而不是勉强对之加以"改进"，那么，我们就必须接纳这种流浪、迷失和无助，因为这些原本就是小孩的特质。

在早期一篇分析孩童的论文中，希尔曼提出了一个重要的观点：我们倾向于躲避心中的孩童，认为他的无能是一种低劣，必须以教育、成长和宗教洗礼加以改造。他反对将"成长"作为一种信条。有些时候，我们需要停止成长，甚至必须后退。今天的人们往往把成长当作理所当然的追求，结果忽略了停滞和后退在某些时候的必要性。期望心灵中的小孩长大，这本身就是对自己和心灵地图的不尊重，因为"小孩"本来就意味着"没有长大"。

许多日常用语，都会在无意中对心中的小孩造成伤害。一般人在流露出某种原始的情感之后，总会自责："我太不成熟了。"如果我们不把这句话作为对童心的批判，而是只取其本来的意思，那倒是对实际情况的准确描述：我很不成熟，这种不成熟是我本性的一部分。然而我们在说这句话时，通常都带着这样的意思：我不想表现得这么不成熟。

有时我们会说："这是童年时期留下来的问题。"这样，我们又一次把童年当成了烦恼的根源，当作成长过程中必须摆脱的东西。我们总是感叹，如果童年不是那个样子就好了！然而拒绝童年就是拒绝自己，也是拒绝面对自己的心灵地图。那个永远存在于我们思想和梦境中的小孩，或许有很多缺点，总是犯错，但那就是我们自己。缺点和优点一样，都是构成我们人格的一部分。当然，把成年后的问题归咎于童年的想法，倒是能让我们与心中那个具有神力的小孩，以及他那蕴涵无限生机的卑微保持联系。越是在我们感到卑微的时候，心灵就越容易显现。

有时三四十岁的成年人会说："我到现在还不知道，我长大后会是什么样子。"无论说这句话时的口气有多轻松，都透出了一种深深的自卑：我究竟怎么了？活到这把年纪，我原本应该事业有成、收入丰厚、生活安定才对。但是愿望归愿望，我们心中的小孩却还没有准备好。认识到这一点时，我们心中可能会泛起一阵哀伤，这正是心灵在反思自己的命运，担忧自己的前途，也为想象力的开放提供了可能性，在某种程度上，这就是小孩的力量。心中孩童的幼小和柔弱有如"芝麻开门"的口令，是开启未来、发掘潜能的一把钥匙。

孩童的"无知"同样蕴涵着无数可能性。《新约·福音书》记载，在前往耶路撒冷的途中，年幼的耶稣跟父母失散了，后来人们发现他在一所犹太教堂中，正同拉比们讨论神学。这只是一个有关奇迹的故事吗？它其实表现了孩童的特殊智能，尽管混沌，但又无比深刻。15 世纪的伟大神学家，库萨的尼古拉曾著书论述"学会无知"的重要性，他认为，我们必须设法忘掉那些阻碍我们领悟真理的知识。我们必须回到孩童的无知状态，因为世俗生活已经让我们变得太过精明。禅宗也劝诫人们莫失"赤子之心"。

以上都是专属于小孩的特质，也是心灵地图本来的样子，永远不会成熟，永远无法摆脱。但心灵中的小孩无知而笨拙，让我们感到尴尬不安，所以我们总倾向于排斥他，掩盖他的存在，甚至强迫他消失。然而，这样的压制只会让他变得桀骜不驯。越是努力掩饰无知，我们就越显得无知；越是故作成熟冷静，我们就越是暴露出自己的幼稚；越是想充当大人，我们就越表现得像孩子。

如果我们能珍惜自己的童心，那么在生活中，我们和儿童的关系就会变得更加开放，对双方都大有裨益。例如，关于儿童的一大问题是，我们该如何教育他们？政客和教育家提倡强化科学和数学课程，将计算机和其他科技大规模用于教育，经常进行考试和测验，严格考核教师，削减文艺类课程的经费。这些做法的用意在于把孩子培养成"完人"——不像古希腊人追求的那样德智兼备，而是成为社会机器最高效的零件。在这场精密计算中，他们只想着帮孩子面对生存竞争，却忽略了他们心灵的需求。

"教育"的意思是"引导出"。我们通常将其理解为"将孩子引导出童年"，但教育的真谛，是将童年原本具有的智慧和才华引导出来。这也是心灵地图的本身诉求。夏山学校的创始人尼尔多年前就指出，我们应该相信，儿童已经拥有了才能和智慧。传统观念认为儿童的心智是一块白板，事实上，儿童所知道的远比我们想象的要多。儿童的智慧不同于成年人的智慧，但同样有它的地位。

伤害童心就等于伤害心灵，因为童心是心灵的一个侧面，而心灵的任何层面遭到漠视，都会成为痛苦的根源。在当今社会中，我们很难找到童年无拘无束、逍遥自在的快乐。我们耗费巨资建立电子娱乐中心，却无法满足心灵对简单乐趣的追求。在世界各国中，美国可算是最不会照顾儿童的国家之一，鼓吹"维护儿童权益"，却不曾从儿童的立场出发，真正为他们的福祉而努力。成年人重视信息甚于奇迹，重视娱乐甚于游戏，重视知识甚于蒙昧，而他们担心的是，对童心的提倡会对这些价值观念造成威胁。要关怀心中的孩童，我们就必须面对自己较为低级的本性——无法控制的情感、愚蠢癫狂的愿望，以及各种形式的软弱无能。

在回忆录中，荣格针对儿童提出了一个发人深省的论断。他说，比起成年，童年"更能完整地呈现自我，更能刻画一个人完整纯粹的个性"。他还认为，儿童能在成年人心中激起原始的渴望，而这些渴望是成年人在适应文明生活的过程中逐渐丧失的。

我们误以为"进步"就是人生的终极目标，所以在社会层面上，我们自认为比祖先更聪明、更发达，而在个人层面上，又认为成年人比儿童更有智慧。这种对发展进步的迷信，在我们的文化中根深蒂固，影响了我们在许多方面的价值观。在这个等级分明的世界里，我们之所以蔑视发展程度较低的文化，是为了抗拒我们的原始本性；之所以坚持在教育和科学技术的阶梯上节节爬升，追求成熟的境界，是为了排斥我们内心深处永远存在的童心。这并不是真正的成熟，成熟的人既重视新的生活方式，也珍惜过往的经历，而我们只是在抗拒心中那个小孩，因为他虽然充满性灵，却妨碍我们主宰自己的生命，这让我们觉得羞耻。要跟随心灵，按照心灵地图前行，就不能排斥它的任何一方面，即使是它比较卑微的部分，比如童心。只有承认了童心的永恒存在，接受它的种种不足和缺陷，我们的心灵才能得到关怀和成长。

第三章

自恋：发现心灵的"另一面"

　　主流心理学十分重视和强调自我。自我的发展和积极的自我意识，被认为是成熟人格的重要组成部分。然而，自恋——把注意力完全集中在自己身上，漠视他人和周围世界的习惯，却被视为一种心理疾病。另一方面，强调"无意识"的荣格心理学以及原型心理学则认为，自恋是许多心理问题的背后元凶；即使在解析梦境时，也很容易将各种错误归咎于自恋。宗教更是告诫世人，切勿自私自爱，因为傲慢乃是"七宗罪"之一。这一切合在一起，似乎构成了一场矛头直指自恋的道德阴谋。

　　无论是自我的提倡者还是反对者，都对自恋大加攻击，其中显露出的偏见和狭隘道德观念或许意味着，自恋——自我和自爱的一种表现形式，正是孕育心灵的温床。翻开心灵地图，我们发现越是被认为"不好"的东西，往往越有自身价值。我们对自爱和自恋的排斥，是不是掩盖了心灵地图的神秘本质？

我们给自恋打上负面的标签，是不是为了抗拒心灵对爱的渴求，也拒绝了心灵地图最真实的一面。

这不仅仅是推论。进行心理诊疗工作时，我常发现，许多原本成熟理智、具有良好判断力的成年人，在面对困难的抉择时，会用一句话笼统地概括所有的问题："我不能自私。"当我与这些人进一步探讨这句话的含义时，往往发现，这与他们从小受到的教育有关："家人从小就教导我，任何时候都不可以自私。"然而，他们口口声声说不能自私，实际上，他们心中最念念不忘的就是自我。在刻意追求无私的过程中，对自我的关注逐渐变得难以察觉，在无意识中侵蚀着冠冕堂皇的理论与价值观。

我们总是厌恶别人的自恋行为，这种反应说明，我们意识到这种行为包含着某种重要的东西。就这点来说，自恋是一种阴影特质。荣格认为，当我们在他人身上发现某种阴影特质时，往往会感到厌恶，但那正是因为这种特质同样存在于我们心中。我们对自恋的负面印象可能意味着，这种行为包含某种我们迫切需要的东西——迫切到让它产生了负面的含义。我们的道德感一方面排斥它，另一方面也提醒我们，这一切都与心灵有关。

假设以上的分析正确，那么，我们该如何包容自恋的症候？该如何透过表象抓住实质，发掘自恋行为中潜藏的价值？答案是：发挥想象力的智慧。为了探寻自恋行为的本质，我们不妨来研究纳西索斯的神话——"自恋"一词就是以他命名的。

纳西索斯

　　古罗马作家奥维德在《变形记》一书中，记录了纳西索斯的古老神话。这并不只是一个男孩爱上自己的故事，它包含了许多微妙的、发人深省的细节。例如，奥维德告诉我们，纳西索斯的父母分别是一位河神和一位宁芙仙子。在神话中，家世往往具有特殊的意义。很显然，纳西索斯的本性含有水或液体的成分，而自恋的我们也是如此。自恋的人既不脚踏实地（土），思维也不清楚（气），心中更没有激情（火）。陷入这个神话中，我们如同身处梦境，宛若流水，没有具体的形态，沉浸在幻想的溪流当中，也没有稳固坚实的身份。

　　故事开头还出现了一个细节：先知泰瑞西斯预言了纳西索斯的命运："只要他不认识自己，他就能活到很老。"这个预言很奇特，它暗示，整个故事的主题是认识自己、爱上自己，而对自己的认识会导致死亡。

　　故事再提到纳西索斯的时候，他已经 16 岁了，容貌十分帅气，很多少女对他一见倾心。然而，他的性格高傲，没有任何人能让他心动。有一个名叫厄科的宁芙仙子爱上了他，但她有一种奇怪的特质：她只能重复别人刚刚说过的话。一天，纳西索斯与朋友们失散了，放声呼喊："谁在这儿？"

　　"这儿。"厄科回答。

　　"我们在这儿见面吧。"纳西索斯说。

"在这儿见面吧。"厄科回答。然而,当她走近纳西索斯时,他却退开了。

"我宁可死掉也不会把我的力量给你。"他说。

"把我的力量给你。"她重复道。由于悲伤和失望,她的形体消失了,只剩下一个回音。

此时,纳西索斯还没有认识自己。他完全沉迷于自我,拒绝一切心灵层面的交流。他的心如同石头一般坚硬,任何爱的表示都不能使它软化。这样的自爱是一种魔念,排挤了一切来自他人的爱。自恋具有回音的性质,所以纳西索斯觉得万事万物都是自己的投影,这让他不愿放弃自己的"力量"。封闭的、防御性的态度,会产生一种脆弱的力量感,而如果对别人的感情或周遭的事物做出回应,就是对这种力量感的威胁。实际上,自恋的人所执着的事物,正是他所欠缺的——所有症候性的行为都具有这样的性质。他会反复问:"我做得够好吗?"而他真正想说的是:"无论我做什么,无论我多努力,总是不能让自己满意。"换句话说,他之所以刻意表现出自恋,正是因为找不到爱自己的适当方法。

用荣格的话来说,纳西索斯是"少年"形象的典型代表:疏远,冷漠,故步自封。厄科代表了"魂",即心灵的女性气质,迫切需要依附在少年的美貌之上。然而在纳西索斯面前,她的形体却枯萎凋零,只剩下一个回音。因为自恋不需要心灵,沉迷于自恋中时,我们会逐渐剥夺心灵的内涵,最终心灵只剩下一个空壳,沦为我们思想的回音。而我们的社会同样沉迷于自恋，对心灵漠不关心。我们可以制定一个城市甚至整个国家的财政预算，却全然不去理会心灵的需求。自恋的人或社会，绝不会把"力量"交给宁芙般缥缈的心灵。

幸运的是，故事并没有结束。一个被纳西索斯拒绝的少女发出了诅咒："愿他爱上一个人，却永远得不到回报。"我们在遭到冷落和拒绝时，往往也会这样诅咒对方。失意的恋人会说："但愿有一天，你也会尝到爱上别人却得不到回报的滋味。"我们感受到对方心灵的缺失，于是发出诅咒。然而，这样的诅咒其实是一种祝福，如果诅咒发生作用，或许可以改变这个人的一生。

在神话中，诅咒经常会以戏剧性的方式得以实现。在纳西索斯的故事里，复仇女神涅墨西斯听到了少女的诅咒，决定实现她的愿望。于是故事进入下一个阶段，表面上看来，它的主题是对傲慢的惩罚。在一处水边，纳西索斯即将面临一段重大而危险的心灵转变。神祇的介入，或许意味着自恋行为的崩溃，原本的问题在痛苦和迷乱中逐渐消解。自恋的崩溃，常常建立在自我认识和自爱的基础之上。在这一过程中，自我的身份会变得更加含混不清。

纳西索斯走近水潭，水面平滑如镜，从未受到过人类或动物的侵扰。潭边环绕着阴暗幽深的树丛。纳西索斯把头伸到水面上，正想喝一口水，突然看见了自己在水中的倒影，顿时呆若木鸡。纳西索斯被自己大理石雕像般的容貌深深吸引，尤其是那象牙般光洁的脖子。（请注意，大理石和象牙都具有坚硬寒冷的特质，这正是自恋的写照。）纳西索斯渴望留住这美丽的形体，于是他把手伸进水里，却捕捉不到它。奥维德说："你寻找的影像无处可觅。转过头去，你所爱的东西就会消失。"

这里，表面的症候开始深层化。原本与爱、与心灵水火不容的自恋，逐渐转化成一种真正宁静的内心状态——对自我心灵的探索、对自己本性的思考。自恋的人开始省察自己的内心，正如观察水中的倒影一般，原本空洞的自我迷恋，现在激起他的好奇。在浅层次的自恋中，自省和好奇都是不存在的。当自恋发展到更深的层次时，才具备了更多的内涵。自恋的人或许乐于看到镜中的自己，但只有在探索自己的心灵时，他才能享受发自内心的反思过程。与纳西索斯一样，自恋的人需要自我的意象做思考的对象，而这种意象远比他在镜子里的形貌更丰满、更有灵气。

这样的自我意象不是具体的形象，不是简单的概念，也不是观察自我的角度。纳西索斯看到的是一个全新的意象，是他从来没有见过的，因此这意象才能令他着迷。奥维德说："你寻找的影像无处可觅。"纳西索斯并没有刻意寻觅这个意象，而是在树丛环绕、远离尘嚣的潭水中，无意间瞥见了它。自恋者所渴望的那种自我接受感，并不能刻意培养，只能无意间在内心世界中发现。心灵地图的答案也是在无意间得到的，虽然这一过程总是伴随着自我质疑，甚至某种程度的困惑。他可能不得不自问："这究竟是怎么一回事？"

值得注意的是，纳西索斯是在潭水中找到这个全新的自我意象的。水是他的本性，是他与生俱来的特质。我们可以直接从潭水本身出发，以心灵地图特有的方式叩问自己：我心灵中有什么东西像这潭水一样吗？我的心灵有深度吗？我的思想和情感是不是如这潭水一般，静静地沉积在人迹罕至的地方，连我自己都难以觉察？我心中除了干燥的理性思考，是否还有某种湿润的成分——缥缈的情感，以及生机勃勃的想象力？我是否偶尔也会静下心来思考，在幻想中瞥见自我陌生的一面？如果是这样，那就说明纳西索斯的神话正在你心中生根发芽。

纳西索斯渴望和他在水中发现的影像结合，这当然是不可能的，于是他尝到了痛苦的滋味，正如他过去拒绝的那些恋人一样。毋庸置疑，纳西索斯在情感上经历了十分残酷的折磨。他对潭边的树丛说："有人曾体验过像我一样强烈的渴望吗？"向大自然倾吐心声表明，在哀伤中他和自己的心灵建立了新的联系。

像纳西索斯这样同大自然交谈，正是解决自恋问题的关键。我们向所谓"无生命"的世界倾诉时，就等于承认了它拥有灵魂。有的心理学家认为，我们同大自然交谈，是把自己的人格投射在大自然上。这种观点本质上是自恋的，这等于是说，人格和心灵是人类独有的东西。如果我们在想象中，把大自然仅仅当成一面镜子，那么我们就找不到心灵，只能从镜子里看见"我"和"我"的投影。如果是这样，我们的渴望就没有回转的余地，只能退化为一次又一次欲望的满足。

希尔曼在著作中指出，渴望是心灵重要的活动，对少年之心来说尤其如此。我们每个人的心灵都有年少的一面，只有它才有所思慕、有所渴望。它对分离特别敏感，急切需要在感情上找到依附。纳西索斯的神话告诉我们，当我们心中产生一种强烈的欲望，想成为想象中的那另一个"我"时，我们就开始了走出自恋的第一步。国家也好，个人也好，都有可能经历这样的过程。作为一个国家，美国渴望着"成为"充满机会的新世界、引领全人类的道德灯塔。她渴望着把这些意象变成现实，同时也承受着痛苦，因为现实与这些意象之间还存在着相当大的距离。美国的自恋十分强烈，赤裸裸地呈现在全世界人眼前。如果我们把美国当作心理患者来诊治，那么，最明显的症状就是自恋。然而，这种自恋又包含着希望。换句话说，美国的自恋正是她的少年心态，是她对未来的一种展望。她的当务之急是要找到那潭水，让简单浅薄的自我迷恋，转化为与全世界的情感交流。

但是，这样的转变并不容易。纳西索斯躺在池边，内心饱受折磨，因为水中的那张脸是那么接近，却遥不可及。他苦苦思索时，心中忽然灵光一闪："这就是我啊！"他失声叫道。直到那一刻他才知道，他深深爱上的那张脸原来是他自己的。

这是故事的关键之一。纳西索斯爱上的是他自己在水中的倒影，而他却以为那是别人。自恋的人往往纠缠于某些特定的、熟悉的自我形象。我们喜爱某些被我们认作"自我"的表面意象，然而纳西索斯却在无意中发现，另一些意象也同样可爱，它们就在潭水中，那里是自我身份的根源。要找到自己的心灵地图，治疗自恋，就要敞开胸怀，接纳这些不一样的意象。自恋这种精神状态，正如之前的纳西索斯一般，外表冰冷而生硬，然而，潭边的纳西索斯找回了天性中"水"的成分，就变得柔韧、美丽。

一个微妙的细节是，纳西索斯只有在把自我当成一种客观的东西来爱时，才真正找到了自爱。他学会了从旁观者的角度看待自己。这并不是自我爱上自我，而是自我爱上心灵，爱上心灵呈现出的那张脸孔。可以说，治疗自恋的关键在于把"自我爱慕"转化为对心灵的深爱。换句话说，一旦自恋开始崩溃，我们对自己的定义就能得到扩展。纳西索斯发现水中的那张脸原来是他自己的，禁不住感叹："我渴望的东西，我原本已经拥有！"于是，他对自己和自己的潜能就有了新的认识。

而后，纳西索斯开始思考死亡的问题："哀伤正在消耗我的元气，我已经时日无多。我的生命就要在最美好的时候结束了。"在走出自恋时，我们或许会体验到死亡的意象，这是我们心中那个冷漠的少年之死。只有用心去感受这种死亡，去体会过去的自我概念的崩溃，我们才能彻底从自恋中解脱出来。可见，要治疗自恋，就不要幻想把过去那种冠冕堂皇的自我形象变成现实。那个自我形象必须崩溃，只有这样，才能让新发现的"另一个自我"浮现出来。

纳西索斯的神话，在现实生活中可以表现为多种形式。有时，我们会在别人身上窥见自己的倒影。与这样既是"我"又是"非我"的意象邂逅，可能会彻底改变我们的生命。在自我转变的过程中，我们会丢失那个原本的"我"。自恋就是这样引诱着我们，不断追求令我们倾心的自我意象。

接受心理治疗时，患者可能会说："我也想成为心理医生。"这句话很明显带有自恋的成分，但不是那种肤浅的自恋。这说明患者的想象力经历了转变，或许他已经找到了自己的"潭水"，从中看见了自己的倒影——身为心理医生的意象，并且喜欢甚至爱上了这个倒影。这样的时刻非常关键，因为它可能意味着患者的生命进入了新的阶段。

接下来，奥维德将意象转移到了"火"的元素。哀伤中的纳西索斯用拳头捶打胸膛，他的皮肤"泛起了一抹红光"，有如苹果鲜艳的光泽。然后，如同蜡在热气中熔化，霜在朝阳下消融，纳西索斯在隐藏的爱火中消散了。爱之火驱走了他原先的冷漠。神学家们经常把这个故事当作道德教材，告诫人们不可自爱，然而故事的真正意味是，爱导致了纳西索斯的转变，爱的温暖能够创造心灵。

纳西索斯把头枕在潭边的草地上，静悄悄地离开了这个世界。在冥河岸边，他继续凝视着自己在水中的倒影。那些在生活中出现的、让我们的生命彻底改变的意象，会一辈子萦绕在心头。一旦我们被某个意象吸引，它就会随时浮现在我们眼前。假设在乌菲兹美术馆，你被波提切利的名画《春》深深打动，那么在你的余生里，这幅画作可能会在梦中反复出现，成为你在生活中衡量美的标准。无论在你独自沉思时，还是与人交谈时，画面都有可能突然浮现在你脑海里，令你记起它的永恒存在。纳西索斯神话的这个片段表明，**如果能保存和呵护生活中发现的各种意象，我们就可以把自恋转化为对心灵的关怀，也就能找到真正的心灵地图**。这也是人们写日记的真正原因：为这些改变我们生命的意象建立一个居所。旧日的照片和信件，就像故事中潭水的作用。而在文化层面上，戏剧、绘画、雕塑和古老的建筑，同样能成为我们探索内心世界的契机。因此，艺术可以成为治疗自恋的良方。Curator（艺术品保管员）和 cure（治疗）这两个词，原本就是同源的。可见，我们可以通过妥善保管各种意象的方式，来关怀我们的心灵。

在奥维德笔下，故事的结尾充满了绮丽的色彩。纳西索斯的同伴们来到潭边，却没有找到他的身体。在他曾经躺过的地方，他们发现了一朵花心金黄、花瓣雪白的水仙花。纳西索斯原本僵硬冷酷、如同大理石般的自恋，已经转变成了水仙花的柔美。

文艺复兴时期的占星家们或许会建议我们，在房前屋后栽种一些水仙花，这样当我们陷入自恋时，就可以记起纳西索斯神话的奥秘：故事从自我封闭开头，却以心灵花朵的绽放收尾。在心灵地图中，我们可以看到，在自恋的冷漠和不近人情之下，心灵的花朵正含苞待放，随时等待着破土而出。只有清楚了这一点，我们才能理解，治疗自恋的良方正是自恋本身。

自恋与心灵的多重形象

纳西索斯的故事清楚地说明，自恋带来的危险之一，就是缺乏适应性、不知变通。适应性是心灵最重要的特质之一。在希腊神话中，众神都具有很高的适应性，尽管有时彼此争斗，却能承认彼此的权威。

多神论作为一种心理学模型（而不是宗教信仰），很容易遭到误解。它可以简单解释为：在心理层面上，我们同时受到多种深层冲动的左右。要想把这些冲动集中到一起，指向同一个方向，不仅不可能，也是不应该的。在心灵地图中，心灵的多重形象是并存的。心理学上的多神论追求的并不是人格的统一，而是生命的多元化。有些人对此一知半解，以为这就意味着我们可以放纵自己的行为，不受任何道德规范的约束；殊不知，"多神论"的"多"（poly-）是指"多样化"，而不是"任何"。在多神论的道德观下，我们容许自己体验不同道德要求之间的矛盾关系。

心理学上的多神论更看重"质"而非"量"。如果你能让心灵的种种相互矛盾的要求和谐共存，生活就会变得更加复杂，但也更加有趣。例如，独居和社会生活就是两种彼此矛盾的心灵需求。绝大多数人心中都同时存在着群居和独处的欲望，有时两者会彼此冲突，有时人们会过于偏重某一方，结果导致别人的不满。这两种欲望可以在生活中结合起来，不仅仅是表面上的共存，更是深层次的共融。事实上，我们越是深入发掘两者之间的矛盾，每一种需求就会变得越发细致微妙。我们可以在城市中发现乡野的情趣，也可以在乡野间享受复杂的社交生活。把这样的多神论真正应用于生活中，虽然不容易，却可以让生活富有趣味，也让心灵得到滋养。

多神论的最大意义在于，它可以让我们同心灵维持更加亲密的关系。**如果我们用一成不变的态度，努力维持生活的"秩序"——因循守旧，沿袭传统，谨守生活的"意义"，那么，由此产生的狭隘道德感，就会把我们本性中的某些部分排斥在外，也背离了心灵地图的本意。**我曾遇到过一位男士，他从不去野外露营，因为他觉得自己一定会讨厌那种感觉，但是后来，他爱上了一位喜欢在星光下露宿的女子。在他们结伴出游的第一个晚上，他仰望璀璨的星空，发现露营的感觉居然如此美好。他说，他从来不知道自己还能体会到这样的感觉。能说出这话，就说明他已经向心理上的多神境界迈出了第一步。

多神论的态度，允许我们在某种程度上接受原本被狭隘道德感所压抑的本性。神经质的自恋，让我们没有足够的时间停下来思考，去逐渐认识由种种情感、记忆、愿望、幻想、欲望和恐惧构成的心灵。所以，自恋的人对自己的认识是简单的、单一的，任何别的可能性都被自动排除了。纳西索斯的神话，尤其是他在池水中发现"另一张"脸孔的情节，是多神论最好的注释。

因此，**我们可以将自恋视为一个机会，而不是单纯的心理问题。自恋并不是人格上的缺陷，而是寻找心灵"另一面"的过程。自恋也不是单纯的自我迷恋，而是心灵需求的一种表达：我们需要培养复杂的，能够容纳矛盾的，包含了"自我"与"非我"的自我意识。**

我们不应该简单地否定"自我"甚至"以自我为中心"。自我需要爱，需要被关注和表现，这是我们天性的一部分。心灵的许多需求从表面上看来，是令人嫌恶的，甚至是绝对无法容忍的。流行的心理学经常将小孩的意象浪漫化，许多人接受心理辅导，是为了"发现自己的那颗童心"。但他们可曾想过，小孩子不仅仅有纯真的一面，同时也会哭闹，会噘嘴，会打翻东西，甚至会尿裤子。这些都是小孩本性的一部分。自我也是一样，有许多让我们羞于谈起的需求。**如果想从多个角度认识自己，认识心灵的多重形象，那么我们就必须在多重形象中，找出我们最常称之为"我"的那一个。**

自恋并不是对"我"的迷恋。相反，自恋意味着我们还没有找到"我"，没有找到内心中的那潭水——潭水中能映出一个更深层次的"我"。自恋的人并不清楚，自己的本性有多么深刻、多么玄妙。由于自恋，生活中的种种责任与重担，他只能独立担当。然而一旦他发现，"我"的人格之外还有别的自我意象，就可以让它们分担一部分责任。自恋的人表面看来快乐满足，其实不堪重负。他努力追寻被爱的感觉，却无法成功，因为他没意识到，他必须先学会像爱另一个人一样爱自己。

让生命开花

几年前，我在一所州立大学教心理学，在课堂上遇到了一个与众不同的年轻人。他看起来相当成熟，对社会问题颇为关心，也喜欢讨论各种思想。他甚至会在课外进行独立的严肃阅读——在那所大学里，这样的学生可谓凤毛麟角。然而，他又有点像早年的纳西索斯，总有办法把人们吸引到身边，同时又刻意同他们保持距离。在他身上，我也看到了厄科的影子：他惯于把从别的地方听来的观念，当作自己的东西对人讲述——这正是自恋的明显证据之一。但我当时没有意识到他究竟陷得多深，直到有一天他私下来找我谈话。

他在我对面坐下来，满脸严肃的神情。

"怎么了？"我问。

"我必须告诉别人。"他眼里燃烧着火焰，"我身上发生了一些事情。"

"说下去。"我说。

"我发现了自己的真正身份。"

"哦？"

"我是耶稣基督。"

如此直截了当地表达，是我万万没想到的。

"我身负拯救世界的使命。"他继续说，"我知道我能创造奇迹。不要误会，我不是说我只是个基督徒，或只是耶稣的追随者，或只是一个像耶稣的人。我就是重返人世的耶稣本人。我知道这听起来有点疯狂，但这是真的。"

必须承认，这位年轻人的确具有强烈的使命感。他同时具备了才华、信念、理想和精力。但是，如果他那症候性的自恋不能深化下去，让他得以窥见自己的心灵，那他就无法拥有任何真正的成就，只能在挫折和沮丧中度过一生。我曾向在州立医院工作的同人提过这件事，他回答："哦，我们病房里有好几个耶稣呢。"在我看来，这位年轻人的自恋幻想固然荒诞，但也是心灵地图的反映，只要跟随他的心灵，帮他精心培植这些幻想，直到它们转化成真实生活中的力量和效率，就可以将之视为一种契机，促使他展开积极进取的新生活。所以，我并不奇怪"这些荒谬绝伦的想法从何而来"，而是扪心自问，"该如何让这个年轻人实现他的理想？"我当然知道，像他这样自认为耶稣，是一件非常危险的事情，可能会让他变成另一个邪教教主吉姆·琼斯。但如果我能用积极认真的态度看待他的自恋，也许就能让它在日常生活中开花结果。

有些心理学家认为，对那种好高骛远、不切实际的少年心态，必须加以约束，令其重新回归脚踏实地的平凡生活。但我担心，像这样从一个极端转向另一个极端，只会引起混乱与迷茫，让心灵的裂痕更加难以弥补。还不如因势利导，接受已经出现的问题，努力发掘其中的深层含义。

在神话中，纳西索斯的心灵最终变成了一朵盛开的鲜花。他没有变成一个成熟的大人，更没有为少年时代的愚昧而忏悔。即使在进入阴世之后，纳西索斯仍然在凝视自己的倒影。这意味着，一旦少年之心得到接纳，成为人格和心灵不可分割的一部分，自恋的症候就会不治而愈。一般来说，如果我们对某种行为不予接纳，拒绝将它视为我们本性的一部分，那么它就会变成一种症候。我那位年轻的学生，也许要经过多年的思考，才能把表层的自恋转化成充实生命的神话。然而，倘若世上没有了年少轻狂的理想主义，没有了那些自比为耶稣、莫扎特或马丁·路德·金的年轻人，那么，我们作为个人抑或社会又将何去何从呢？理想主义插着自恋的翅膀翱翔在天空，与其强迫它降落，不如接纳它、思索它、拥抱它，让它从大理石般的冰冷坚硬，自然而然地转化成花朵般的柔美和芬芳。

很多时候，自恋会在我们心中激起强烈的阴暗感，以至于我们看不见它可能带来的积极效应。在美国文化中，谦卑是最核心的道德标准之一。社会伦理要求我们保持谦恭，任何时候都不能妄自尊大。而自恋正是谦卑的反面，所以我们总是努力压制它。但自恋的存在恰恰说明，我们真正需要的并不是谦卑，而是伟大的梦想，高远的目标，以及对自己的才华和能力的信心。

自恋的问题并不在于目标的高远，而是如何落实这些目标。自恋的人无论在自己心中还是周围的人身上，都会遭遇抗拒的力量。朋友和同事要么对他避而远之，要么带着高高在上的口气训斥："你应该体验一下真实的生活，不要再做白日梦了！"或者"你什么时候才能长大呢？"但"长大"并不能解决自恋的问题。相反，我们应该尽可能发掘自恋的神话内涵，只有这样，自恋的蓓蕾才能绽放成人格的花朵。

自　爱

　　自恋者其实并不自爱。正因为缺乏对自我的爱和接受，他们才会表现得自恋。这一点看似矛盾，其实并不难理解：越是整天夸夸其谈地谈论自己的人，自我意识往往越薄弱。在自恋者身上，自爱的缺乏往往表现为受虐倾向，而受虐倾向又很容易转化为虐待倾向。受虐与虐待，构成了心灵裂痕的两个极端。

　　自恋者对他人的拒绝和高人一等的心态，很显然是虐待倾向的表现。而经常自我批评的习惯，往往是受虐倾向的表现。另一方面，他们的受虐倾向集中表现为"消极自恋"。有些人经常自我检讨、自我批评，认为这样就可以免于自恋，其实这是另一种方式的自恋，因为他们并不关注生活和周围的世界，而是把注意力全部集中在"自我"之上。

　　有一次，我跟一位画家交谈时，她向我展示了几幅画作。在我看来，她才华横溢，整个生命都倾注在绘画艺术中。然而随着谈话的继续，我渐渐注意到，她对自己和绘画艺术的态度，并不完全有利于她的创作。

　　"你近期的画作都具有现实主义的风范，不带任何偏见，这是我非常欣赏的。"我说。

　　"是吗？我不知道。"她说，"或许那正说明我还有很多东西需要学习。我一直想进艺术院校深造，但是家里付不起学费。"

　　"画中的色彩搭配既和谐，又凸显出强烈的对比。你究竟是怎么做到的？"我又问，我是真心为她的创作风格所折服。

"其实我并没有接受过这方面的训练。"她依然对自己的身世背景念念不忘。

像这样的自我否定，其实是另一种形式的自恋，只会破坏心灵与周围世界之间的联系。这位画家不仅无法同大自然交谈——在神话中，同大自然交谈，意味着纳西索斯正在脱离自恋的泥淖，她甚至无法谈论她自己的画作。她的思路完全被"自我"截断了。她对自我意象的过度在意，使之无法把绘画艺术当作心灵的依托。如果她能把自己作为一个真正的艺术家来看待，就可以忘记过去，全身心投入到绘画艺术中去。心灵总是需要依托，而自恋则是心灵缺乏依托的表现。

尽管自恋与自爱截然相反，但大多数人却经常将这两种概念混淆。所以有些人努力压抑成功的喜悦，因为他们担心这是自恋的表现。结果是，他们无法享受成功的快乐，甚至无法接受别人的夸奖。实际上，虚假的谦卑才是自恋的表现，因为它让人们纠缠于自我，看不见生活的种种可能性。

要治疗自恋的症候，就要满足自我的真正需求——自我接受，自我承认，肯定和欣赏自我成就。接纳是心灵地图馈赠给我们的礼物。如果刻意压制自我的欲望，心灵就得不到应有的关怀。禁欲主义带来了虚假的道德感，却忽视了心灵的需求，最终只能加重自恋的程度。

聆听心灵的声音，不要刻意"矫正"自恋的行为，这就是治疗自恋的秘方。自恋是心灵地图向我们发出的一种信号，

说明心灵无法得到足够的爱。自恋越严重，就说明心灵越缺少爱。 这里面的关系很微妙。纳西索斯爱上了自己的倒影，当时他并不知道那就是自己，但通过这样的经验，他终于发现了自己的可爱。而且，他是把自己当作"客体"来爱的。在个人主义泛滥的今天，把任何人当作客体，都会被视为一种亵渎；然而，这却是我们客观了解自我的唯一方式。只有这样，我们才能从"我"的角度之外，检视自己的生活和个性。"我"是由各种事物和特质共同构成的，爱这些事物和特质，就是爱自己。

荣格曾借助炼金术探索心灵的奥秘，因为炼金术将"自我"视为各种物质及其特质和相互作用的结合：盐、硫磺、铁与水；冷与热；干与湿；小火慢炖、中火熬煮、大火滚沸，等等。在日常生活中，我们经常用类似的词描述心灵的状态。如果我们能认清心灵的客观本质，就可以像纳西索斯一样，把自己当成别人来爱。这是体验自我的一种方式。我们清楚自己的习惯，自己的优点和缺点，自己的种种怪癖。**如果我们带着兴趣和爱来观察自己，同时也不忘记生活和周围的世界，会有助于将自恋转化为真正的自爱。所以，心灵地图不是一成不变的，它始终处于动态。**

顺便说一下，自恋并不只是个人的症候。一幢建筑，一件艺术品，一座城市，一条公路，一部电影，一则法律——所有这些都可能具有自恋的元素，甚至表现出明显的自恋色彩。这里所谓的自恋，同样代表自爱的缺乏。这似乎是一种奇怪的说法，比如一幢建筑的确有可能太过招摇，让人们忽视了它的基本形态——而这样的基本形态原本是值得爱的。在我看来，纽约的帝国大厦高高耸立，给人以充满自信的感觉，而其他城市的许多建筑则太强调个性，与周围的环境格格不入。它们仿佛是在别的建筑旁边感到自卑，所以才迫不及待地表现自己，以博取人们的注意。帝国大厦则不会因为旁边更新更高大的建筑，而损失一丝一毫的气度。这正是自爱应有的表现。

纳西索斯的神话还告诉我们，自恋只不过是更大变化的冰山一角。在故事中，场景从地面的树丛转移到冥府阴世，主角则从肉体凡胎转化为盛开的花朵，这是从"人"到"物"的转变。以人为中心的主观主义，逐渐让位于自然和天性。它让我们伤害自然，压抑自己的天性；但当自恋转变为自爱时，我们就能重新接纳自己的天性，与自然和一切事物融为一体。从神话的角度来说，只有当自恋上升到信仰的高度时，自恋的症候才能得到治疗。

奥地利诗人里尔克就信奉这种化有形为无形、化凡俗为信仰的哲学。在 1925 年的一封著名的信函里，他写道："我们的使命是，在心中留下这个暂时的、正在崩解的世界的烙印，这一过程是如此深刻、如此痛苦、如此充满激情，以至于整个世界都能在我们心中重获'隐形的'新生。"这让我联想起纳西索斯化为水仙花的情节：我们的生命是大自然的表现和反映，我们的人格则投射出造物的意旨。在《献给俄耳甫斯的十四行诗》中，里尔克直接用上了纳西索斯的典故：

谁曾在阴影之中
拨动琴弦，
才可望有感而发
无限的赞美。

谁曾与死者分离
他们的罂粟，
就再也不会忘掉
最微妙的韵味。

纵然池塘的倒影
常常模糊不清：
认识此图像。

唯其在双重境界
歌声才会变得
柔和而永恒。

纳西索斯躺在潭边，与另一个自我亲密接触时，就处在这样的"双重境界"，在柔和而永恒的心灵深处，他终于找到了自信以及脚踏实地的感觉。他不再因自恋而折磨自己，因为自我发现软化了他的性情，让他的心不再如大理石般冷硬，而是像水仙花儿一样，在现实的土壤里深深扎根，绽放出宽容之美，沐浴在大自然的质朴之中。

问题在于，太多的时候，我们的症候根本得不到应有的关注。我们只有以艺术化的方式参与进来，才能促成心灵的蜕变。早在文艺复兴时期，诸如费齐诺与米兰多拉这样的智者就教导人们，每个人都应该成为自己生命中的艺术家与诗人。当我从自己口中听见带有自恋意味的话语时，我会追根溯源，寻找对心灵关爱不够的地方。自恋发生的时间、场合和具体表现，让我知道该怎么找，找到之后该怎么弥补。这样，自恋其实是帮了我的忙，让我得以聆听心灵的声音。

第四章

爱情：心灵需要爱的悲伤

柏拉图说，爱是一种疯狂，一种神圣的疯狂。今天我们谈论爱情时，经常把它当作人际关系的一个方面，一种我们可以控制的东西。我们关心的是，如何用正确的方式恋爱，如何获得成功的爱情，如何克服其中的问题，如何面对失恋的打击。很多人之所以来接受心理治疗，是因为他们对爱情的期望太高，而实际结果却让他们大失所望。很明显，爱情绝不是单纯的。过去的纠葛，未来的希望，以及种种鸡毛蒜皮的琐碎小事——哪怕与对方只有一点点联系——都会对爱情产生深远的影响。

有时我们会以轻松的态度谈论爱情，却忽略了它强劲而持久的一面。我们总期待着爱情的抚慰，却往往惊讶地发现，它也能在我们心中留下空虚和裂痕。离婚的过程常常是漫长而痛苦的，永远无法真正了结。我们可能永远无法确定离婚的决定究竟是对是错。就算分手能让心灵获得些许宁静，当初的夫妻恩爱也会存留在记忆中，在梦境里反复出现。没有机会表达的爱，同样会折磨人们的情感。有一位女子最后一次见到父亲时，他正被送往手术室。当时她非常想告诉父亲，她爱他，尽管他们的关系一直很紧张。但她终究没能说出口，然后，一切都太迟了。每次回想起当时的情境，她都忍不住放声痛哭。在讨论爱情本质的著作《飨宴》中，柏拉图把爱称为"充实与空虚的孩子"。充实与空虚，恰恰是爱情的正反两面。

我们总是向往爱情，总是期待爱情抚平心中的创伤，让我们的生命更加圆满。或许在过去，爱情也曾让我们感到痛苦，但我们从来不在乎。因为爱情具有一种自我复苏的力量，如同希腊神话中的女神，只要在遗忘之水中沐浴一番，就能恢复贞洁。

每经历一次爱情，我们对它的了解就深了一分。失恋之后，我们总是痛下决心，今后绝不再犯同样的错误。我们的心变硬了一些，或许也变聪明了一些。但爱情本身永远是年轻的，永远带着青春特有的愚蠢和笨拙。因此，与其在失恋的痛苦无望中形销骨立，不如坦然接受爱情造成的空虚，因为空虚是爱情本质的一部分。我们不必刻意避免重蹈覆辙，也不用让自己"变得聪明"。遭受失恋的打击之后，我们所能做的就是驱散心中的怀疑，再度投入爱情，尽管我们已经体验到了其中的黑暗和空虚。

或许我们应该把爱视为心灵的一种表现，而不是人际关系的一个层面。古代的心理书籍采用的就是这种观点。这些书籍告诫人们珍惜友谊和亲密的感情，却绝口不谈如何维持关系。最关键的是爱情对心灵的影响：爱情能使我们的心胸更加开阔吗？能在某些方面启发我们的心灵吗？能让我们脱离尘世，体尝到天堂的意境吗？

费齐诺曾说："人类的爱情是什么？它的目的是什么？爱情是一种欲望：和某种美好的事物结合在一起，在尘世中享受永生。"俗世的乐趣能够引领我们通往永恒的精神享受，这是新柏拉图主义的基本观点。费齐诺把存在于日常生活中、指引我们通往永恒的东西称为"充满魔力的诱饵"。换句话说，爱情既是两个人之间纯粹世俗的关系，也是通往心灵深层经验的途径。爱情让身处其中的人们感到困惑，因为它对心灵的影响，并不总是和人际关系的节奏与需求协调一致。德国早期浪漫主义诗人诺瓦利斯说得很简单：爱情不是为这个世界创造的。

弗洛伊德提出了一种方法，可以让我们把爱情的焦点从杂沓纷扰的生活转移到心灵。他认为，爱情是我们童年时经历的家庭环境在现今感情关系上的投影。在爱情中，父母亲和兄弟姐妹都是隐形的影响力。爱情能够激起我们内心深处原本潜藏的幻想。简单概括弗洛伊德的观点，即我们现在的爱情不过是旧爱的复活。不过，我们也可以从弗洛伊德的理论出发，思考爱情是如何利用记忆和意象，给我们的心灵带来旺盛的生机。

弗洛伊德提醒我们，爱情牵涉到形形色色的人。大约十五年前，我曾做过一个梦。我梦见自己在一间宽敞的卧室里，旁边有一位陌生的美丽女子。灯很亮，分散了我的注意，所以我想把灯关掉。我在墙上发现了一长串开关，总共有二十个按钮。我每按一个，都有几盏灯熄灭，而另外几盏灯则亮起来。我尝试了很多种组合，总是无法关掉全部的灯。最后我放弃了，接着就有成群的人走进卧室里。这下彻底没希望了，我原本就关不掉所有的灯，现在连隐私也没有了。

恋爱中的人总是向往那种盲目、热切、没有任何干扰的感觉。在那场梦中，我不愿受到灯光的干扰，也不愿让心灵的其他形象（走进卧室的那些人）介入这个单纯的恋爱机会。我要的是纯粹的无意识状态，绝对的黑暗。事实上，随着爱情逐渐复杂化，恋爱中的人们总会开始考虑一些与爱情不相干的东西。心灵过去的复杂经历，此时就成了爱情的负担。

我曾为一位即将结婚的女士进行心理辅导。她做了一连串烦心的梦，在梦中，她的兄弟总是干扰她的婚事，因为他很爱她，而她的婚姻将会是他们亲密关系的终结。她告诉我，白天醒着时，她也幻想着和自己的兄弟相爱，希望能同时嫁给她的兄弟和她的未婚夫。最耐人寻味的是，她在现实生活中并没有兄弟。她的兄弟其实是她心灵中一个强有力的、活跃的形象。他的出现，是要让她思考和质疑这桩婚事。用荣格的话来说，他扮演着十分重要的"魄"的角色，对她的行为提出批评，让她停下来反思。他同时也是心灵的代表，提醒她注意，爱情并不像表面看起来那么单纯。在一篇探讨婚姻的论文中，荣格提出，爱情总是牵涉到四个人的形象：自己、爱人、魂（心灵的女性气质）和魄（心灵的男性气质）。而这位女士的梦则说明，婚姻中还牵连着更多的因素。

我们可以接受弗洛伊德的基本观点：爱情能激发我们的想象，让它极度活跃起来。"坠入爱河"等于"陷入想象之中"：日常生活的琐碎细节，昨天还占据了我们的全部思绪，今天却全在爱情的白日梦中消散了。具体的现实完全被想象力的世界所取代。爱情这种"神圣的疯狂"与偏执狂和精神分裂其实十分相似。

那么，我们是否应该治疗这种疯狂？柏顿在他的巨著《忧郁的剖析》中说，要治疗爱情造成的忧郁症，只有一种方法：不顾一切地投入爱情中。今天的一些作家认为，浪漫的爱情是一种危险的幻觉，我们应该随时保持理智，绝不能信任它，以免被引入歧途。这样的观点是对心灵缺乏信任的结果。爱情是一剂良方，可以把我们从没有幻想的单调生活中解救出来，让我们的想象力不再流于贫乏，让我们过度理智的生活，重新焕发出浪漫的光彩。

爱情给我们以自由，让我们进入想象力的神圣世界，使我们的心灵得以扩张，流露出原本被凡俗生活掩盖的渴望与需求。因此，爱情也是我们抵达心灵地图的路径。我们总是认为，恋爱中的人对爱人的缺陷视而不见，固执地认为对方是完美的——所谓"爱情是盲目的"。然而，实际情况可能正好相反：爱情让一个人得以窥见另一个人真实的、纯洁的、神圣的本性。从日常生活的角度来看，这当然是疯狂和妄想；但是，如果我们能摆脱对理智的依赖，那么我们就能体验和欣赏爱情带来的那种永恒的、柏拉图称为"神圣的疯狂"的感觉。

爱情能让我们的意识贴近梦幻的境界。如同梦境一样，爱情能够揭示很多东西，尽管这种揭示的方式是扭曲的、含蓄的、晦涩的、充满诗意的。我们若想真正理解柏拉图的爱情理论，就应该把其他形式的疯狂，诸如偏执狂和各种癫疾，视为心灵努力满足渴望的征象。柏拉图式的恋爱，并不仅仅是"没有性行为的爱情"那么简单，而是要在人的肉体和人际关系之中，寻找通往永恒的路径。创造了"柏拉图式恋爱"这一说法的费齐诺，写过一本探讨爱情的著作《欢宴》，作为对柏拉图《飨宴》的应答。他在书中简明扼要地说："**心灵一半存在于时间中，一半存在于永恒。**"爱是横跨时间与永恒的桥梁，让我们能够同时生活在两者之中。然而，在日常生活中体验到永恒的感觉，我·们通常会感到不安，因为它扰乱了我们的计划安排，撼动了我们原本了无波澜的内心世界。

崔斯坦与伊索德

要理解和欣赏爱情的奥秘，我们就不能把爱情视为一种心理问题，也不能指望靠阅读和他人的劝导，把爱情约束在"恰当"的轨道上。那并不是按照心灵地图前行。我们这个时代太讲究心理卫生，以至于把各种形式的疯狂都视为疾病。然而，柏拉图的"神圣的疯狂"绝不是一种疾病，而是通往永恒的路径。它让我们摆脱种种严苛的精神束缚，从凡俗生活中解脱出来。它是一扇门，让我们得以脱离理性的空间，进入神秘的领域。

传统文化中的伟大爱情故事，可以帮我们探索爱情的永恒境界。这些故事呈现了爱情的诸多面貌，包括"耶稣受难记"（Passion of Jesus，其中 passion 一词具有丰富的含义）、"创世纪之造物"、"奥德修斯的返家之旅"、"哈姆雷特的犹豫"，以及"崔斯坦与伊索德的厄运"。

这最后一个故事尤为凄美，十分契合我们目前的话题。它讲的是爱情的悲凉。崔斯坦（Tristan）这个名字来源于"悲伤"（triste）一词。他一出生就有了这个不同寻常的名字，因为他的父亲在战场上负伤不治而亡，而母亲也因难产而死。如同许多传说和神话中的英雄一样，他由养父母抚育成人；后来，他的舅舅玛尔克王又将他收为养子，可以说，他有过三位父亲。如此曲折的身世，暗示着他日后的命运多舛。

在故事的开头，崔斯坦是一个典型的年轻人，荣格所谓"少年"的化身。他风度翩翩，勇敢无畏，思维活跃，但又总是流连于痛苦和悲剧的边缘。他才华横溢，但又无比脆弱。崔斯坦的故事有几个古典版本，其中之一为斯特拉斯堡所著，他将崔斯坦描述为在音乐、语言、狩猎、竞技和交际方面都颇有天分的人。每当到达新的地方，崔斯坦总能迅速学会当地的语言，编造各种栩栩如生的冒险故事，一展迷人的歌喉，赢取人们的欢心。如此才情横溢、质朴纯真的少年，一旦陷入千纠百结的情网，就将体尝到人生悲剧的一面。

　　水是贯穿整个故事的基调。在港里的一条船上，崔斯坦跟一群来访的挪威水手下棋，结果被他们拐走，这就是他冒险之旅的开始。船在海上遇到了风暴，为了安抚风神，水手们把崔斯坦赶下了船。崔斯坦乘小艇漂流到爱尔兰，遇见了女王和她的女儿伊索德。他隐瞒了自己的身份，把名字改成坦崔斯，因为他不想让她们知道，他曾在战场上杀死了伊索德的叔叔。然而有一次，在他沐浴时，伊索德识破了他的身份，解开了他的名字之谜。这一幕可以视为一种仪式——两个年轻人接受爱的洗礼。后来，崔斯坦又带着他的竖琴，乘一条无桨无舵的小船重返爱尔兰。按照神话学者坎贝尔的分析，这表明崔斯坦凭着他无与伦比的音乐才华，放手把一切都交给了命运。

　　崔斯坦是才华与聪慧的化身。在海上漂流或浸在水里时，他充分显露了他的本性：永远年轻鲜活，充满了旺盛的生命力，完全不受尘俗生活的禁锢。每当有人告诉我，他梦见自己漂浮在湖面上或是坐在浴缸里，我都会想起崔斯坦。崔斯坦并不会游泳，总是困坐在小船上随波逐流，完全不去把握航向，他把一切都托付给命运，然而，他对自己的能力充满了信心。他的能力不是务实的驾船技术，而是美学和精神层面的天赋。他顺水漂流，但却不会被水打湿。

　　这种漂浮在水面上的心境，很容易坠入情网。阴差阳错，崔斯坦和伊索德喝下了女王为玛尔克王调制的春药，在接下来的故事中，这对年轻人在危机四伏、冷酷无情的环境中，不顾一切地追求他们的爱情。他们的爱太强烈了，完全无视社会道德的约束，只是这样的爱是永远无法得到保障的。结果，崔斯坦与伊索德双双惨死，这场没有结果的爱情也宣告终结。即使在两情相悦的短暂时光里，他们也始终无法摆脱悲情的阴影。

可能我们会按照字面意义理解这个故事：不伦之恋得到惩罚，浪漫的爱情是不成熟的，终将导致灾难性的后果。然而，如果换个角度去思考，或许我们就能从中找到恋爱时的心灵地图。

我们总是把心理卫生作为追求的目标，希望能活得健康、爱得健康，任何不符合这种"健康"标准的表现，都会被当成心理疾病。在我们看来，爱情与悲伤水火不容。崔斯坦如果活在今天，一定会被扣上抑郁症的帽子，被迫接受化学药物的治疗。然而，真正面对爱情时，我们的心灵总会陷入矛盾和困境，而崔斯坦的故事正是这种情况的写照。故事中的爱情之所以能拨动我们的心弦，是因为我们都体验过类似的悲伤——心灵在坠入爱河的过程中，必将体验的那种悲伤。其实，我们每个人都有一颗不安分的少年之心，只有在悲剧性的爱情中才能得到缓解。

按照心灵地图前行，意味着尊重心中的种种情感和幻想，即使这些情感和幻想让我们感到厌恶。阅读崔斯坦与伊索德的故事时，我们的心仿佛要裂成两半，一半是对他们那炽热强烈的爱情的肯定和欣赏，另一半则是对他们这种不伦行为的厌恶和拒斥。法国作家巴塔耶曾说，任何爱情都免不了一定程度的出轨。心灵往往会在道德所不容的地方显现出来。在小说、电影、传记和新闻报道中，充满悲剧性的不伦之恋，总是最能吸引我们的注意。

若要避免心灵的沦丧，我们就必须认识到悲剧和哀伤在人生中的必要性。而悲剧和哀伤也是心灵地图的一部分。如果从道德或心理卫生的角度出发，居高临下看待爱情，那么，我们就看不见它对心灵底层的安抚作用。我们反思自己的爱情悲剧，慢慢摸索着走出痛苦的过程，正是初次探索心灵奥秘的过程。在这一过程中，爱情既是开启心灵的钥匙，也是我们的向导，帮我们在心灵的迷宫中找到正确的方向。**爱情的表现形式和发展方向，常常出乎我们的意料。如果能接受和尊重这种不确定性，我们就可以逐渐步入心灵的底层，找到自己的心灵地图。**在那里，我们变成了崔斯坦，一面拨动着手上的琴弦，一面听凭自己航向未知的命运。他总是在接受洗礼，总是在经历命名仪式，总是与生命源头之水保持着联系。他是如此接近自己的心灵，以至于在不可逾越的爱情桎梏中，仍然能彻底实现他的本性。

如果我们并不把崔斯坦当成恋爱失败的印证，而是把他视为爱之悲伤的象征，那么他的形象就具有了双重意义，既映射出爱情的光辉，也包含了它阴暗深沉的一面。当爱情的悲伤降临，我们如同乘着小舟漂流的崔斯坦，满怀着对命运的信任，航向生命中充满悲剧的一面。其实我们完全不用通过服药或心理治疗缓解这种悲伤，因为这样就等于驱逐了一个重要的心灵访客。很显然，在心灵地图中，心灵需要爱的悲伤，这是意识的一种形式，会为我们带来无可取代的智慧。

爱的失败、沦丧和分离

把崔斯坦与伊索德的故事当作神话来阅读时，我们会逐渐领悟，失败和复杂性原本就是爱情的一部分。这样我们就不会那么在乎失恋和分手。许多身陷爱情之中的人，心中都会出现分手的念头，然而，这样的念头与实际行动毕竟不同。分手的念头或许意味着很多东西，但若真正分手，结果就只有一个：目前这种情感关系的终结。

我们需要尊重心灵的种种幻想，但这并不意味着将幻想付诸行动。当然，有时我们不得不采取行动，但行动之前最好三思。比如，我们可以问问自己，两人之间的关系原本完美无瑕，为何会突然出现分手的念头？这究竟意味着关系的结束，还是有什么更深层的含义？

一位敏感、细心、善良的女士曾来找我，她心里老有一个念头："我必须跟我丈夫分手。"她很痛苦，但又不知道自己能不能做得到。

"发生了什么事？"我问。

"他是个好人。"她说，"我爱他，也尊敬他，但我心里就是想跟他分离。我们经常争吵，性生活也变得糟糕透顶。我们有三个孩子，他是个很好的父亲。但我的分离欲望实在太强烈了，甚至超过了我对孩子们的爱。"

　　我注意到，她反复使用了"分离"这个字眼。我开始跟她谈论她的想法和期望。离婚的想法让她心碎，但分手的欲望又是那么强烈，她知道没人能说服她改变主意。我决定把注意力集中于她的心灵呈现出的意象——分离。

　　分离原本是炼金术中的一道程序，是把普通物质转化为黄金的必要手段。荣格从心理学的角度重新诠释了这个词语。按照他的定义，分离就是把心灵中需要区别的东西分隔开来，这些东西原本挤得太紧，以至于丧失了各自的本来面目。我在聆听那位女士的讲述时，脑海里不禁浮现出这些古老的思想。

　　像她这样的婚姻，之所以会出现对分离的需求，最明显的原因是，夫妻二人之间缺乏界限。在两个人相爱、结婚、组建家庭的过程中，他们内心深处的幻想有时会融合到一起，让两个人不分彼此，这样每个人的个性难免有所丧失。在谈话的过程中，我还发现，她过去也曾有过类似的脱离束缚的冲动。她的父母很专制，不允许她自己选择生活方式。她的一个姐妹也对她的生活多有干涉。

　　她告诉我，刚结婚时她最渴望的就是建立自己的家庭，彻底摆脱父母的影响。然而，父母却通过经济上的支持，一再侵扰她的生活。她并没有意识到，她竟然以父母对她的态度来对待丈夫，不允许他拥有自己的个性。总的来说，她生活中的许多地方都需要各种形式的分离，尤其是在她与别人共处的方式上。她的心灵渴望摆脱多年的桎梏，重获自由。

有一天，她决定从家里搬出去住。她说，她要把分离变成事实。在此之前，我们一直在讨论她的分离欲望所代表的复杂含义。她告诉我，这些话她都记在心里，而她本能地感觉到，必须把话语转化成行动。我认为她的决定是有道理的。有时，为了加深某些方面的认识，我们必须在生活中采取强有力的行动。独立生活或许能帮助她了解，她的心灵追求的究竟是什么。

她从家里搬出来，找了份新工作，开始结交新朋友，还跟几位男士约会，新获得的自由让她十分享受。她惊讶地发现，她丈夫对新生活也适应得非常好，她甚至有点嫉妒他，这是多年来她第一次产生这样的感觉。她意识到，离开丈夫的动机之一，就是要惩罚他，至少要让他知道她心中的怨恨。

她终于尝到了与童年体验不一样的生活。她的父母当然强烈反对她与丈夫分居，但他们的不满反而让她十分开心，因为她终于可以违抗他们的价值观。她结婚很早，这是第一次体验到相对独立的"单身"生活，她用新的眼光看待自己，用新的方式感受生活，而且很喜欢这种感觉。

经历了三个月的"分离"之后，她决定搬回家，回到丈夫身边。从那以后，算起来有几年了，她的家庭生活一直非常圆满，再也没受分离念头的纠缠。她依然面临着各种需要解决的问题，但婚姻问题已经不在其中。

聆听心灵的声音，可能为我们带来一番出乎意料的经历，正如这位女士的故事一般。分离的概念似乎与爱情和婚姻截然相反，然而，或许前者原本就是后者的一个侧面。有些时候，正是为了爱情，我们才必须采用分离的行动。经历了种种不可预知的变故之后，爱情终会找到合适的归宿。

爱的阴影

只有当我们正视爱的阴影时，爱情的体验才称得上完整。如果我们用情绪化的态度，只考虑爱情美好浪漫的一面，那么在爱情的阴影——分离的念头，对感情关系的失望，以及对方价值观的突然改变第一次出现时，我们就会不知所措。我们有很多不切实际的理想和期望，而当这些理想和期望无法实现时，爱情就会颓然崩塌。我时常提醒自己，爱情在文学艺术中时常以小孩子的形象出现，而且往往蒙着眼睛，再不然就被表现为桀骜不驯的少年。爱情带给我们的感觉，原本就应该是不完整的，正是因为这种不完整，爱情才能包容各种各样的情感。只有在不完整、不可能、不完美的感觉中，爱情才能找到它的灵魂。

身为心理医生，我实在太熟悉爱情的阴影了。有些人原本是出于单纯的动机接受心理治疗，结果却爱上了治疗师。心理治疗的情境——定期的会面、私密的房间、近距离的交谈有时能起到爱情催化剂的作用，效力跟伊索德的春药一样强劲。这样的感情往往十分强烈，却又得不到治疗师的回应，让患者深受折磨。

"为什么你不能讲讲你的生活呢？"绝望中的患者往往会这么说，"你坐在那儿，显得那么超然、那么专业，而我则毫无保留地向你倾吐心事，恨不得把心肝都掏出来给你看，这是我最脆弱的时刻。我因此爱上了你，但你却不爱我。我只不过是众多爱你的人中的一个。你一定是个偷窥狂。"

我们很容易对某些人产生爱情的幻想，尤其是从事某些特定职业的人，如教师、企业经理、护士、秘书等。这样的爱情对心灵来说是真实的，但在生活中却得不到承认。心理诊所、医院和校园中的亲密交谈和仔细聆听，很容易点燃爱情的火苗。倾听对方的心事，关心他的幸福，会让爱情的种子在不知不觉间发荣滋长。

希腊神话中有一个关于爱情阴暗面的诡异故事。阿德墨托斯曾在天神阿波罗陷入困境时给予帮助，为了报答他，阿波罗给他一个回避死亡的机会。当死神前来带他进入阴世时，阿波罗准他找一个人代他而死。他就去找年事已高的父母，但他们都以委婉的借口回绝了他。然而，他的妻子阿尔克斯忒斯却答应了他，随同死神离去。当时，英雄赫拉克勒斯正好来访，得知这件事，他立即去追赶死神，跟他格斗。然后，一位蒙着面纱的女子从阴世中现身，看上去似乎是被赫拉克勒斯救出的阿尔克斯忒斯。

这个故事表现了爱情最高深莫测的奥秘之一：爱情与死亡的密切联系。传统观点认为，这个故事表现的是妻子履行职责，为了丈夫舍弃自己的生命；但如此肤浅的解释，只能说是对女性的歧视。我认为，阿尔克斯忒斯的死亡与纳西索斯在潭水边的死亡颇为相似，爱情带我们离开生命，脱离我们原本的计划安排。阿尔克斯忒斯代表了心灵女性化的一面，而她的命运就是进入比生命更深层次的境界——故事中的死亡和阴世。把自己奉献给爱情与婚姻，也就等同于接纳了死神。顺从必然意味着某种程度的放弃，这是生命的损失，同时也是心灵的收获。表面上看来，爱情对自我和生命有所裨益，实际上让心灵得到滋养的，则是爱情与死亡的密切联系。爱情会剥夺人们的意志和控制力，这样的感觉，有时正是心灵急需的营养。

不过，爱情与死亡相关联的那一面，并不是我们能轻易接受的。它违反了我们的控制欲，与我们习惯的价值观念和期待相悖。死神现身时，我们都可以像阿德墨托斯的父母一样，找到合理的借口拒绝。毕竟，我们还有长远的打算和舒适的生活，为什么要为爱改变这一切？我们也可以采取英雄主义的态度，像赫拉克勒斯一样，从死神手里夺回失落的东西。在我们心中，既有一个愿意对爱情屈服的阿尔克斯忒斯，也有一个对此勃然大怒、与死神全力一搏的赫拉克勒斯。

这个故事的结局扑朔迷离。那位蒙着面纱的女子，究竟是不是从阴世重返人间的阿尔克斯忒斯？她为什么不露出真实面目？这是否意味着，当我们强行夺回因爱情而失落的东西时，我们得到的仅仅是一个虚幻的影子？或许我们永远无法让心灵完全复活，或许她永远都会蒙着面纱，永远需要回避现实生活的压力。爱情要求的是彻底的顺从。

在心理治疗中，医生扮演着赫拉克勒斯的角色，努力把心灵从死神手中解救出来。对于抑郁症患者，我们总是努力让他们积极参与生活——这正是赫拉克勒斯所追求的。但这样一来，患者的心灵就被扭曲了，不再呈现出真实的面目，而是以面纱示人。我们用药物帮助患者回归正常的生活，却往往发现未能如愿。与其像赫拉克勒斯一样为生命而搏斗，不如在心灵中寻找阿尔克斯忒斯的成分，任由她进入阴间，接受命运为心灵做出的安排。这也是心灵地图的诉求。

我们自以为了解爱情的一切，无论是在理论上还是实际生活中。其实，爱情的很大一部分隐藏在心灵底层的阴暗中，这是我们难以窥见的。爱情的实质是死亡——之前生活方式的终结，而不是我们期待中新生活的开始。爱情把我们引向知识与经验的边缘，因此，当我们顺从于披着死神外衣的爱情时，我们都是阿尔克斯忒斯。

群体中的爱

群体生活是心灵最重要的需求之一，然而，心灵追求的群体同一般所说的"社会群体"并不相同。心灵渴望着情感上的寄托，多样化的人格，亲密的交往和独特的个性。这些都是群体生活能够提供的。但心灵并不需要众口一词的雷同。

社会上出现的许多迹象表明，我们缺乏足够深入的群体生活经验。人们努力追求群体生活，尝试一家家教堂，希望缓解心中的渴望。人们为家庭和邻里关系的崩溃哀叹，怀念过去的黄金时代——那时，在家中和城市空间之内就足以找到温馨的情谊。孤独是现代人面临的最大情感问题之一，是痛苦和绝望的源泉，也是自杀的重要诱因。

我曾认识一位喜欢社交、擅长聊天、兴趣广泛的女子，她总有忙不完的事、去不完的地方。但每到晚上，她心中的孤独就会浮现出来，辗转难眠。她是一家大企业的副总裁，但在家里，她却饱受孤独感的折磨，甚至动过自杀的念头。

她常说周围的人们有多么好，和他们相处是多么快乐，但这些话她说得太多，反而显得言不由衷。有一天她告诉我，她曾去拜访一位老朋友，临走时，那位女性朋友想拥抱她，她却闪开了。她觉得女人不应该用如此公开的方式表达感情。她甚至怀疑那位朋友是双性恋，在向她示爱。

其实，她的问题不在于朋友的多寡，而在于她心中的防御机制。后来她又告诉我一件事。她和一大群人在海滩上举办晚会，像往常一样，她忙着准备食物，帮别人端盘子。晚餐结束后，大家开始唱歌讲故事，她却悄悄溜到后面，躲进了阴暗处。有人看见了她，硬是把她拖回了台前。她本来可以找个借口溜走，但心念不知怎的一转，她唱起了一首儿时学会的简单歌谣。她过去从没像这样唱过歌，所以觉得很难为情，但所有人都听得很开心。那是她第一次卸下道德的防备，零距离体验真实的群体生活。自打那一晚起，孤独感就不再折磨她了。

　　文艺复兴时期的人文主义者伊拉斯谟在《愚人颂》中写到，人们都是通过愚蠢的行为建立友谊的。群体生活并不是阳春白雪，无法在过高的层面上维持。比尔是一位神父，他常常跟我谈论他的灵修会，在那里，群体生活作为一种理念，经常在宗教书籍和严肃的讨论中出现。然而，回顾当年的神父生涯，比尔发现，当时的同僚其实没有几个人算得上真正的朋友。他身处"群体生活"中，却总是感到孤独。他们可以谈论宗教或者运动，但是绝不能谈论自己，以免沾染"骄傲"的原罪。他们完全没有机会建立亲密的情感。当心灵因困惑而痛苦挣扎时，他总会与共事的神父们坐在一起，但讨论的话题总是"纽约扬基队这次表现得怎么样"。如果你不谈论棒球，你就算不上这个"群体"的一分子。

　　很多人认为，只有被接纳之后，个人才能成为群体的一分子，这样的态度正是导致孤独的原因之一。他们等待着群体中的成员邀请他们加入，而在此之前，他们只好忍受孤独。他们就像是渴望家庭关爱的孩子，但群体并不是家庭，只是一群被归属感连接在一起的人，而归属感并不是与生俱来的。"归属"（belonging）是一个主动动词，需要我们主动采取行动。费齐诺曾在一封信中说："爱是生命唯一的守护者，但要得到爱，必须去爱别人。"饱受孤独煎熬的人，完全可以在周围的世界中找到归属感。重要的不是加入某个组织或团体，而是切身体验"关联"的感觉——与别人、自然、社会和整个世界保持关联。这种关联感是心灵地图发出的信号，尽管有时会让我们表现出

脆弱，却是心灵与生活结合的关键。

　　与其他涉及心灵的活动一样，群体生活与死亡和阴世具有某种联系。基督徒所谓的"与圣人为伍"就是说，通过人类这个群体，我们与古往今来的一切人物保持着联系。从心灵的角度来看，死者与生者在群体中占据同样重要的位置。荣格在回忆录的前言中说："只有在我的命运卷帙中留有记录的人，才能在我的记忆中长存，所以与他们的邂逅，可以看作是一种回忆。"无论在梦中还是清醒时，我们心中都有无数"他人"的形象，只有保持与这些形象的联系，我们才能享受丰富充实的群体生活。要克服孤独，不妨让这些形象进入我们的生活，代替原本的"我"，尽管他们的很多倾向是原来那个"我"所不能接受的。"接受""我"的多重身份，就等于在生活中"接纳"了这些形象，这样，内心中的群体生活就可以帮我们在真实生活中找到归属感。有时我与初次相识的人"一见如故"，是因为我心中原本就存有这些人的原型，而我通过想象力与他们保持着联系。因为清楚这一点，我可以爱上遇见的任何一个人，也可以获得他们的爱。

　　爱让心灵遵循命运的轨道，让我们在心灵无止境的深渊边缘保持着意识。这并不是说，表层的人际关系对心灵之爱就不重要。恰恰相反，如果我们意识到爱对心灵的重要，生活中的爱就会变得无比神圣——家庭、朋友、爱人和伴侣不仅仅是生活中的"感情关系"，更是生命原动力的具体表现，是维持心灵活力的爱之源泉。爱的神圣境界，只有在人与人之间的亲密关系和群体生活中，才能得到体现。

我们遇到的心理问题和麻烦，大多是由爱而起，这绝不是偶然。遇到麻烦时，我们不妨提醒自己，**爱情并不只是一种人际关系，更是心灵的活动。爱情带来的失望，哪怕是背叛和别离，尽管在生活中是悲剧，对心灵却是滋养。**心灵一半存在于时间中，一半存在于永恒。当我们因时间中的那一半心灵而感到沮丧时，不妨想想永恒的那一半。

第五章
嫉妒与羡慕：滋养心灵的毒药

　　按照心灵地图前行，并不意味着修正、改变、调整和优化，但我们仍然需要处理一些烦人的感觉，比如嫉妒和羡慕。这两种感觉都会腐蚀心灵，所以我们不能让自己长年累月陷于其中，无法自拔。但是，除了设法根除它们，是不是还有别的办法？有没有答案的关键，在于我们对它们的态度，我们如此厌恶、如此难以接受的东西，必然具有某种潜藏的力量，并且可以转化为积极的方面。这也是心灵地图最诱人的一面：与心灵有关的事情，最"没有价值"的东西往往最有创造力。

　　羡慕和嫉妒都是常见的经验。尽管它们截然不同——前者是渴望得到别人拥有的东西，后者则是担心别人夺走我们的东西，但它们都会腐蚀心灵，让我们变得丑陋。羡慕和嫉妒没有任何高尚之处，奇怪的是，有时我们会对它们形成某种依赖。嫉妒心重的人，能够在猜疑中找到乐趣；而喜欢羡慕的人，则可以在对别人的东西的渴求中收获满足。

神话表明，羡慕和嫉妒都发源于心灵深处。即使是诸神也会嫉妒。希腊悲剧作家欧里庇得斯的作品《希波吕托斯》讲述了这样的神话故事：年轻的希波吕托斯全心信奉贞洁的狩猎女神阿耳忒弥斯，对生活中的性与爱不屑一顾，这让爱神阿弗洛狄忒十分不满。愤怒与嫉妒之下，阿弗洛狄忒让希波吕托斯的继母菲德拉爱上了他，引发了一连串的恶性后果。最终，阿弗洛狄忒在海中造出公牛形状的巨浪，致使马群惊惶失措，希波吕托斯被自己的马群践踏而死。希波吕托斯的死有报应的成分，因为他对马的关心（这种动物反映了他神经质的精力），远远超过了对人的爱心，尤其是女人。

在《希波吕托斯》的开头，阿弗洛狄忒就宣称："凡是因为骄傲与顽固，不理睬我、藐视我的人，我准要给他降下麻烦。"在这部公元前 5 世纪的作品里，我们找到了类似弗洛伊德的观点：对性的压抑完全是自讨苦吃。阿弗洛狄忒亲口告诉我们，如果我们故意对性不理不睬，我们的心灵就会深受其扰。但即便是阿耳忒弥斯也不能免于嫉妒，她扬言："我会选她（阿弗洛狄忒）最喜欢的一个男人，一箭把他射死。"

《希波吕托斯》呈现了嫉妒的标准模式——三角关系，三个角分别是两位女神和一个凡人男子。它暗示着，尽管嫉妒感通常聚焦于日常生活，但其中也蕴涵着深远的神话含义。我们总以为嫉妒是一种可以用理智和意志控制的情绪，于是努力去控制它，但却罕有成效。心灵是一个竞技场，其中进行的种种

搏斗，远远超出了理性可以控制的范围。在心灵地图中，嫉妒
之所以令人无法抗拒，是因为它并不仅仅是一种表象，它的出
现标志着心灵深处的斗争。

嫉　妒

　　既然古典悲剧和神话都认为诸神有嫉妒之心，我们就可以
认定，嫉妒在天道和神意的运行中必然有其作用。嫉妒并不仅
仅是情感不稳定或缺乏安全感的表现。如果连诸神都会嫉妒，
那我们的嫉妒就是一种原型体验，不能完全用人际关系、性格
和家庭背景加以解释。嫉妒让我们产生的紧张感，并不仅仅是
个人处境的影响，而是更高层面上的冲突。

　　嫉妒的目的是什么？希波吕托斯的故事为我们提供了一些
线索。故事中的凡人男子，习惯性地、有意识地漠视一位女
神，而她的神职关系到人类生命中一个极重要的层面——爱、
性、美和肉体。她可以容忍人们信仰阿耳忒弥斯式的贞洁，以
及情感上的自给自足；但她也告诉人们，渴望别人的爱，同
样是正当的、重要的欲望。阿弗洛狄忒之所以嫉恨交加，最终
将年轻的希波吕托斯置于死地，是因为他漠视了她存在的必要
性。他全心全意追求道德上的贞洁，排斥异性，拒绝心灵对多
神境界的要求，这样就对她构成了冒渎。

　　从神话的角度来看，我们心中的痛苦、偏执、猜疑和妒
火，都是某一位神祇遭到漠视的表现。或许我们就像希波吕托

斯，全心全意奉行自己认为绝对正确的原则，结果在不知不觉中忽视了心灵其他方面的需求。希波吕托斯之所以排斥和憎恨异性，是因为他不肯敞开心胸，接纳另一个世界——一个与他所喜爱和欣赏的生活完全不同的世界。最终，他那孤傲的一神主义害死了他。他太贞洁，太单纯，以至于意识不到心灵的种种不同需求之间的矛盾。

嫉妒心蠢蠢欲动时，即使个性复杂、心思细腻的人，也会流露出清高、道德至上的一面。嫉妒心要我们满足心灵新的需求，而为了抵挡这种需求，我们就拿道德主义做盾牌。然而，我们必须清楚，嫉妒是两种同样合理的心灵需求彼此冲突的表现——在希波吕托斯身上，这两种需求分别是对阿耳忒弥斯和阿弗洛狄忒的信仰，对贞洁的追求与对亲密关系的渴望。要克服嫉妒心，最好的办法是敞开心胸，让这两位神祇得以共存，让她们自己找到彼此妥协的方法。这就是心灵多神论的宗旨，也是跟随心灵的基本方法之一。

希波吕托斯这个名字的意思是"脱缰之马"。骏马是精神力量的代表，但脱离了缰绳和藩篱的控制，很美丽也很危险。有时，我们会在某些人身上看见这种希波吕托斯式的骏马精神，他们狂热地投身于某种信仰或事业之中，其动机和献身的对象十分崇高，而他们的投入程度也堪称楷模。然而，这种单一的追求，有时也流露出阴暗的一面——无视不同价值观，甚至带有虐待狂的倾向。

然而，嫉妒心同样可以让我们受益，成为滋养心灵的"毒药"。希波吕托斯的故事，正是心灵得到治疗的过程。自我封闭、冥顽不化的希波吕托斯，被践踏得支离破碎，原本潜藏在心中的精神失调暴露在光天化日之下，烟消云散。结局似乎充满悲剧意味，然而，悲剧正是心灵自我调整的形式之一，即使在日常生活中也是如此。悲剧性的经历或许是痛苦的，甚至在某些方面是具有毁灭性的，然而，它也能建立新的秩序。克服嫉妒的唯一方法就是去体验它。嫉妒之所以会让人痛苦，部分原因在于，它让我们的心灵进入了未曾探索过的领域，迫使我们在前所未知、充满挑战的种种可能性面前，放弃旧有的、熟悉的信念。

我曾遇到一位年轻人，他在各方面都很像希波吕托斯（他骑的不是马，而是自行车）。他在一家快餐店工作，爱上了一位女同事。他为她神魂颠倒，但总觉得她对自己并不满意。每次谈起女友，一开始他总是充满柔情，但说不上几句，就开始抱怨女友的冷漠和自私。（嫉妒心重的人往往自以为通情达理，与自私绝对无缘，所以才会觉得别人自私。）有一天他告诉我，他情绪失控，朝女友大发雷霆，差点动手揍她。

自认清高的人有时会情绪失控，甚至诉诸暴力，原因是这种人意识不到自己内心中潜藏的暴力倾向。他的心里充满了嫉妒和妄想，但我又决不能为此而指责他的心灵。他似乎也无法接受自己心里的想法和感觉。"我怎么会做出这种事？我怎么会有这种感觉？"他翻来覆去地说。

其实，他自责只是为了表明自己是无辜的。他坚持认为自己并没有什么嫉妒心，但他的行为却变得越来越有威胁性。我们往往会把如此严重的情绪失控当作纯粹的情感问题，却忽视了其中的内涵——隐藏在情感之下的观念、记忆和幻想。我很想知道，究竟是什么东西引发了他的嫉妒。

把嫉妒的问题个人化，只谈论"我"如何缺乏安全感，并不足以解决问题。把嫉妒视为自我的一种缺陷，等于忽略了它的复杂性，故意避免触碰心灵深处嫉妒潜藏着的地方。如果我们正视嫉妒的问题，或许就会在我们过往的经历中发现嫉妒的根源，以及这一次发作的原因。这些东西都很隐晦，所以人们通常只能注意到表面上的情感。我打算深入探索，看看"我嫉妒"这简简单单的三个字后面，究竟隐藏了什么。为了跟随心灵，我们必须谱写自己的悲剧脚本，才能了解我们究竟身处哪一个神话之中。

"我觉得她在跟别人交往。"对女友大发脾气后的第二天，那位年轻人告诉我。

"你为什么这样想？"

"我打电话给她，她却不在家。她原本告诉我她会在家的。"

"所以你就想看看，她的话是不是真的？"

"对，我实在忍不住。"他眼里泛起了泪花。

"你对自己有多少了解？我是说，在你的嫉妒心发作时，你不愿意承认的那一面。"

"我觉得我这个人不值得信任。在感情上，我通常并不是很诚实。"

　　"如果她发现了这一点，会怎样呢？"

　　"她爱怎么样就怎么样吧。"

　　"你不愿意让她自由？"

　　"我当然希望她自由。我不喜欢那种让人喘不过气的关系。但是，在我心里，我就是没办法给她一丁点儿自由。"

　　"所以，是你的嫉妒心让你变得不那么宽容。"

　　"是啊。我真是没法相信，这跟我的价值观完全相反。"

　　"或许你可以从嫉妒中学到一点东西，比如，对人不那么开放同样有正面意义。可能你本来就不应该那么宽容。"

　　"对人不开放，能有什么正面意义？"

　　"在我看来，你心中有一个活泼积极的孩子，要求彻底的开放和自由。这样，你就忽视了心灵对秩序和约束的需求，而这些需求一旦长期受到压抑，就会逐渐脱离你的控制。你反复说，你并不喜欢苛求别人。或许，你个性中苛求的一面原本处于压抑状态，现在终于失控了。"

　　"我相信自由。"他骄傲地说，"要维持感情关系，就必须给对方足够的自由。"

　　"或许你应该重新评价你的信念了。你的愤怒和猜疑说明，你需要反省和自我调整。不管你有没有意识到，嫉妒心已经限制了你的生活。"

　　"我好像变成了一个警察，而她则是罪犯，我觉得惩罚她是天经地义，这根本不像是我。"

　　我们的嫉妒心会扮演各种各样的奇怪角色——伦理主义

者，侦探，偏执狂，极端保守派，等等。从构词法上来看，"偏执狂"意味着"超出正轨"的"知识"，也就是超出了自我的正轨，陷入疯狂之中。但我更愿意把这个词理解为"处于自我之外"的知识。我们扮演上述那些角色时，一方面假装自己无所不知，一方面又想知道发生了什么。我们总以为有什么危险的东西就在附近，而我们正在追寻它的踪迹；其实，我们对实际发生的细节毫无头绪。如果那位年轻人不是那么沉迷于"无辜小孩"的角色，或许他就能看清问题的本质。他的无辜感操控着他，让他在某些方面出现选择性失明。他其实已经认识到问题出在哪里，但由于无辜感的存在，他的认识并不能转化为行动。

偏执狂的认知，会让心中的受虐倾向得到满足。很多时候，有受虐倾向的人都会把自己想象成无辜的小孩。这或许是为了"辟邪"。"辟邪"就是通过具有魔力的仪式，防御和祛除邪恶的过程。一旦扮演了无辜小孩的角色，那位年轻人就用不着进入感情关系的复杂世界，他可以把所有的问题都归咎于女友，而对自己的过错视而不见。如果他把女友当成一个复杂的成年人，那他就得面对她的复杂个性，还得考虑被她拒绝的可能性。而"作为无辜小孩"，他就可以把自己受到的伤害当作借口和保护伞。

最后，他的愤怒几乎转化成了暴力，这说明他的选择性失明已经到了非常严重的程度。无辜感蒙蔽了他的双眼，让他既看不清女友，也看不清自己，更认识不到感情关系的复杂性。

他要求女友的关心和照顾，如果得不到，他就觉得自己被耍了，于是勃然大怒。

如果他任由嫉妒心扮演侦探的角色，而不是把它孤立起来，那么他对自己和爱情的认识都会加深不少。如果他让伦理主义者的角色在心灵中扎根，或许就能建立起足够灵活的道德标准，让宽容和苛求共存。偏执狂的角色一方面为他提供了深入认识自己的可能，另一方面又回避他的理性和主观意识。它是扭曲的、虚幻的，但同时又是智慧的源泉。只有让嫉妒充分发展，才能脱离暴力和胡乱猜忌的范畴。

几个月下来，在嫉妒这种原始情感的驱动下，他逐渐记起了许多过往的经历。我引导他回忆从前的目的，并不是寻找引发嫉妒的线索，以解决他的嫉妒问题；正好相反，他原本潜藏在深处的嫉妒心，因为这些回忆而渐渐丰满起来。这样做的目的是让嫉妒心暴露在光天化日之下，从而不那么让人嫌恶。

嫉妒具有强迫性的特征，即使受到压抑，也能影响他的生活。嫉妒的感觉和意象进入内心世界时，会触发某种入门仪式，嫉妒的人将找到新的思考方法，并对爱的复杂需求产生新的理解。嫉妒还可以暴露道德主义顽固僵化的一面，让我们看清它的本质，用新的、更具灵活性的价值观念取而代之。心灵的信仰就在这样的过程中浴火重生。由此看来，嫉妒对心灵的多神境界其实有所助益。

那位年轻人就像是希波吕托斯，不愿长大，不愿成为复杂社会的一员。在欧里庇得斯笔下，年轻的希波吕托斯终日与马儿和同样年轻的伙伴们为伍，将女性视为一种威胁、一种污染。而那位骑自行车的年轻人，则是少年形象的写照——思想贞洁纯净，行为却残忍无情。种种看似矛盾的特质在他身上共存：既纯洁又野蛮，既清高又因对女性的憎恨而丑陋不堪。他的理想主义价值观是如此一尘不染，以至于他看不见自己投下的病态阴影。他对贞洁的追求胜过了对心灵的重视，结果给心灵造成了诸多困扰。这也是心灵沦丧和心灵地图不清晰的原因。

赫拉：嫉妒女神

在希腊神话中，会嫉妒的神祇并不只有阿弗洛狄忒和阿耳忒弥斯。诸神全都不能免于嫉妒，但嫉妒心最重的，还要数宙斯的妻子赫拉（Hera）。她的丈夫总有层出不穷的婚外情，所以她也有吃不完的醋。神话把宙斯描述为一位伟大的神祇，同时也是一个不负责任的爱人。如果能用诗人的眼光看待希腊神话，我们就会意识到，身为宇宙的主宰，宙斯的"博爱"是合情合理的事。

然而，做他的妻子又是什么滋味呢？以人类的标准来看，这就像是嫁给一位才情绝伦的艺术家，或是一位个人魅力十足、广受爱戴的领袖人物。以宙斯之伟大，他的爱欲怎能不让妻子时时刻刻感觉到威胁呢？

在希腊神话中，赫拉作为众神之王的妻子，是以嫉妒闻名的。她并不是一位母仪天下、抚慰众生的天后，也不是美貌绝伦的绝世佳人，而是一个遭受背叛、心怀愤懑、脾气乖戾的妻子。宙斯的性欲是他统御世界的基调，赫拉的暴怒则是她表达嫉妒的方式。她的妒火同丈夫的权力一样，支撑着世间的生命和文化。在神话中，嫉妒心与权力就是这样密切交织在一起。

宙斯一方面是"父神"，负责解决天地间最基本的纠纷，另一方面又对辖下的芸芸众生都心存情欲。他的欲望指向外面的世界，而赫拉的愤怒则是为了保护家庭和婚姻。他们之间的紧张关系，是家庭和外界，"我们"和"别人"之间矛盾的写照。他向外，她向内。情爱是创造世界的原动力，而嫉妒则是维护家庭稳定的根本。如果我们没有嫉妒心，太多太多的事情就会发生，生活会变成一团乱麻，人与人之间的情感关系就会流于肤浅，永远无法深入下去。嫉妒所要求的约束与反思，是我们的心灵不可或缺的。

在多神论体系中，许多彼此矛盾的事物都有同等的正当性。在赫拉所代表的教义中，占有欲是一种至高的美德。按照她的看法，当爱情一方发现另一方不忠时，不仅应该表示愤慨，而且必须这么做。上文提到的那位年轻人，还没有意识到这一点。他觉得占有欲违反了他的价值观，不承认它的正当性，所以它只能以冲动的、强制性的方式表现出来。他之所以渴望女友的忠诚，是因为心中容不下深层次的结合。他假装追求亲密的关系，但当亲密的感觉真正降临在他心里的时候，他却觉得无比陌生，因此，他不知道该如何是好。

在崇尚个人自由和选择权的现代社会，占有欲被认为是不

光彩的，但它又的确是一种真实的欲望。嫉妒的意义在于促使
两个人真正结合。但这种结合对双方都提出了严苛的要求。它
要求我们彼此忠诚，彼此依赖，在婚姻关系中找到满足感，在
分离时承受痛苦——这些都是赫拉所代表的特质。

同时，尽管赫拉的占有欲很强，但她的爱人却代表了情爱
的自由。占有与自由乃是对立统一的两极，而我们则需要在这
两极之间找到平衡。我们都是独立的个体，原本就是孤独的，
但我们也必须依赖别人才能生存。当我们向往着新的经历、新
的感情关系、新的人生旅程时，嫉妒心会让我们念起旧有的恩
情，让我们感受到分手和离异带来的无穷痛苦。

嫉妒：妻子的基本属性

在压迫女性、歧视一切女性特质的文化中，"妻子"这个
称谓不可能得到它应有的尊重。如果这个"魂"的形象在男人
心中缺乏地位，妻子就会沦为丈夫的附庸，只能全盘担起照顾
家庭和孩子的责任。这样一来，男人固然摆脱了家庭生活的束
缚，但也因此损失了很多东西，因为照顾家庭的过程，可以为
心灵提供丰富的情感和想象力。男人通常更喜欢从事冒险性的
事业，例如经商。当然，女性如果采取同样的态度，把全副心
思放在事业上，也会丧失心灵中"魂"的成分。男人和女人都
可以蔑视妻子的形象，并为自己摆脱这种卑下的地位而感到庆
幸。在这种时候，赫拉的形象提醒我们，妻子同样值得尊敬，

"妻子"是心灵非常重要的一面。

　　从赫拉的角度来看，只有当一个人同另一个人建立起密不可分的关系时，他的个性才能凸显出来。这种观念似乎违背了现代社会对独立和分离的重视。在我们这个时代，依靠跟别人的关系寻找自己的身份，是不可理喻的。然而，这就是赫拉的奥秘。她代表了依赖性的高贵和神圣。在古代，她的地位崇高，广受人们的尊崇和爱戴。然而今天，许多人都抱怨，每次建立感情关系时，他们总是过于依赖对方。这是因为他们缺乏赫拉式的感性。如果他们学会理解和欣赏爱情与婚姻带来的紧密结合，或许就不会再抱怨。

　　在婚姻关系中，男女双方都需要敏感与技巧，才能唤起"妻子"这一身份的真正感觉。通常，我们总是把这一原型身份简化成一种社会角色。女方担任妻子的角色，而男方则按照角色的定位来对待她。然而，原型和角色之间有着重大区别。我们可以把赫拉的精神引入婚姻关系，让相互关怀、相互扶持成为婚姻生活的一部分，也可以通过这种精神，建立起夫妻双方心心相连、互为依托的气氛。赫拉的精神让夫妻二人对婚姻关系精心呵护，把对彼此的依赖视若珍宝。为了赫拉，出门在外的时候，你会打个电话回家；为了赫拉，筹划未来的生活时，你会把你的伴侣包括在内。

　　嫉妒的感觉同婚姻中的依赖性密切相关。嫉妒是妻子原型的基本属性之一。赫拉是充满爱意的，同时也是最容易嫉妒的。如果我们不珍惜真诚的伴侣关系，赫拉就会隐去，婚姻也会沦为一般意义上的同居。夫妻两人会朝两个极端发展：追求独立的那一个，会越来越向往自由；而依赖性较强的那一个，则会饱受嫉妒心的折磨。在一场婚姻中，如果某一方很明显在扮演妻子的"角色"——并不一定是女方，那么，赫拉的精神就得不到彰显。如果婚姻出现了问题，那一定是赫拉不高兴的缘故。

赫拉如此努力维护的婚姻，并不仅限于男女之间的具体关系，而是涵盖了任何形式的结合，包括情感上的和自然界中的。荣格曾说，婚姻从来都是心灵的事。一个人心中或是一个社会内部，各种不同元素之间的结合，同样可以得到赫拉的守护。

人们经常会在梦中见到妻子或丈夫的形象，而这些梦并不仅仅与现实生活中的婚姻有关。如果我们能意识到这一点，就可以从梦的内容中寻求指引，来改善我们的婚姻状况。例如，一位男士梦见自己在酒吧里，旁边是一位迷人的女子。她亲吻他，这让他感觉很好，但他总是回头去看妻子是不是在身后。在真实生活中，他的婚姻幸福美满，不过他偶尔也会受到别的女子吸引，因而感到内疚。他偶尔也会梦见喝醉酒的人，这些人让他感到厌恶。他平时的生活非常正式，有规律，因此，梦境引他前往不同的方向，也就不足为奇。他十分注重"妻子"这个概念在他生活中的地位，这也是他的婚姻生活美满的原因。然而，他的心灵还有其他方面的需求，这些需求如果得不到满足，就会以饮酒与性爱的形式，在梦里表现出来。事实

上，这正是他此时生活中最大的矛盾：一方面，他对妻子、对
他的价值体系怀有赫拉式的忠诚；另一方面，他的心灵又渴望
着探索未知，尝尝酒色的滋味。

　　一位女士告诉我，她梦见丈夫和他们的三个孩子在青翠的
山坡上，跟三个红发女子一起野餐。她不知怎么就意识到，那
三个女子是她丈夫的情人，而且还在勾引他们的孩子。她是透
过家里的窗户看见这一切的，这让她感觉非常矛盾，既为家人
能享受快乐的时光而高兴，又对那三个女子感到嫉妒。

　　在这里，我们又一次看到了赫拉式的矛盾。在梦中，这位
女士一方面为自己妻子和母亲的身份感到高兴，另一方面又为
那三个女子对她丈夫和孩子的勾引而妒火中烧。在艺术作品和
梦境中，三个女子同行的形象十分常见，例如希腊神话中的美
惠三女神和命运三女神，分别代表着过去、现在和未来。做梦
的这位女士，或许正在经历某种前所未有的、炽烈（体现为三
个女子头发的红色）的情欲——不一定是针对某一个人，而她
的感觉则体现了新的情欲与旧有生活方式之间的冲突。

　　我们爱恋与结合的对象，并不一定是某一个人。美国诗人
拜瑞曾对此做过一番很有趣的形容：外出旅行时，他有时会爱
上某个地方，幻想着搬到那里去住，就像一般人幻想着另结新
欢一样。但是，拜瑞又支持赫拉的立场，劝人们珍惜原有的那
个家，不要因外界的引诱而动摇。当旧爱与新欢的矛盾在梦里
出现时，我们往往不知如何是好。梦境只能表现出嫉妒的感觉
和背景，而嫉妒之所以产生，是为了让我们忠于家庭。而我们

别无选择，只能敞开心胸，容纳这种矛盾，让矛盾的双方各得其所。

荣格的朋友、历史学家凯伦依，在神话原型研究领域颇有建树，在著作《宙斯与赫拉》中，他提出了一个发人深省的观点：赫拉在性爱中得以实现。凯伦依的意思是说，赫拉必须通过性爱达到她的目的，从而得到满足。当然，性爱原本就是婚姻生活的一部分，但我要强调的是，从妻子的角度来看，性爱——亲密感的满足和伴侣关系的实现——具有神圣性。《荷马史诗·赫拉颂》告诉我们，赫拉与宙斯的蜜月长达三百年。凯伦依还指出，赫拉每年都在卡纳索斯的泉水中沐浴，恢复她的童贞，以处女之身重新与宙斯结合，在性爱中得到新的满足。卡纳索斯之泉确实存在，在那里，人们每年都会举行仪式，将赫拉的神像浸泡在泉水中。

用荣格的术语来说，赫拉是性爱之魂的一部分。在婚床上，夫妻二人可以恢复第一次接触对方时的心情，如同赫拉一年一度恢复童贞。如果婚姻能体现赫拉的精神，夫妻二人就能在性爱关系的实现中，获得深深的满足和享受。问题在于，要唤起赫拉的精神，我们就必须全盘接受她的特质，包括她的嫉妒之心，以及她身为人妻时，偶尔会产生的自卑感和依赖感。

据说，人类的疾病是由哪位神祇所降下的，就要由哪位神祇来治疗。如果疾病是嫉妒，治疗者就是赫拉，因为她对嫉妒的了解比谁都要深。这样，我们就回到了出发点。要治疗嫉妒心，我们首先要接纳它，以及它的种种表现——依赖、彼此体认、忠于旧情，只有这样，赫拉才能得到应有的尊敬。接纳心中的各种情感也是心灵地图一贯倡导的。强烈的、让我们难以抗拒的嫉妒，往往是赫拉遭到漠视的表现，或许，正是通过嫉妒心，亲密关系和性爱才能得以实现。

羡　慕

和嫉妒一样，羡慕会刺痛我们的心。作为七宗原罪之一，羡慕显然属于心灵的阴影层面。于是，我们又一次面临着难题：当心灵为羡慕所腐蚀时，我们该如何关怀它呢？我们能给羡慕之心一个公正的说法吗？当心灵渴望别人拥有的东西时，我们能看清它真正的需求吗？

羡慕会占据我们的全部心思，排挤其他的思绪和情感。它让我们醉心于别人的生活、地位和财产，对自己的生活心不在焉。我的邻居事业有成、收入丰厚、家庭幸福美满——我为什么不行？我的朋友拥有好工作、好相貌、好运气——我为什么没有？羡慕包含了自我怜悯的成分，但真正折磨我们的，还是对别人所拥有的东西的渴望。

尽管羡慕似乎因自尊心而起，但在本质上，这并不是一个自尊的问题。羡慕具有腐蚀作用，而自尊心则是它腐蚀的目标。但羡慕又不是自尊心过盛的表现，而是心灵的一种活动，一种让我们痛苦的反应过程。自尊心面临的问题在于，如何对羡慕做出反应，如何对待种种因羡慕而生的欲望。

所有的强迫症都可以分为两个方面，羡慕也不例外。一方面，羡慕是对某些东西的欲望；另一方面，它又是对心灵需求的否定抗拒。欲望和自我否定的共同作用，让我们心烦意乱、无暇他顾，这正是羡慕的基本特征。羡慕一旦蒙蔽了我们的双眼，我们就认不清自己的本性了。

跟随心灵的关键，不在于消除羡慕，而在于借助羡慕的引导，回归原本的命运。在心灵地图中，羡慕给我们带来的痛苦，其意义与生理上的痛觉一样，是要让我们意识到哪里出了问题，是要引起我们的关注。事实上，出问题的正是我们的视野。羡慕就像是心灵的远视症，它让我们好高骛远，看不清身边的事物，意识不到自己生命的价值。

我曾经认识一位女士，她多年饱受羡慕心的煎熬。白天她在工厂辛苦工作，努力改善自己的生活，晚上则回到家里躲藏起来。她无法忍受周围人们的美满生活，感到无法劝慰的孤独和痛苦。她反复描述朋友们的幸福生活，精确到每一个细节，朋友们遇到的每一件好事，她都记得一清二楚。每当听说某位朋友又有了什么收获，或是交上了什么好运，她都会感到震惊，心中的羡慕也越发根深蒂固。在她看来，朋友们都拥有丰厚的收入、美满的家庭、有意义的工作、良好的人际关系和美满的性生活。仿佛全世界都生活在天堂中，只有她一个人承受着孤独和痛苦。

隐藏在受虐倾向之下的是固执和暴虐。羡慕给她带来的痛苦，掩盖了她的冥顽不化。在家里，尽管她的两个儿子已经年过三十，她仍然对他们横加管束，恨不能控制他们的一举一动。表面上看，她是为了他们的幸福付出了一切；其实，她是把控制别人的生活当成了自己的乐趣。总之，她对别人的生活太关注，以至于忽略了自己的生活。

她来我这里寻求心理治疗时，我决定给她的羡慕一个机会，看看它究竟想表达什么。当然，按照她的说法，她是要我帮她摆脱羡慕。然而，羡慕与嫉妒一样，身陷其中的人不仅不愿从中挣脱，还想把周围的人都拉下水。听一个人谈论自己的羡慕心，就像听想吸引信徒的传教士布道一样。她诉苦的背后其实隐藏着这样的信息：你难道不像我一样觉得气愤吗？但我并不希望自己陷进她的气愤中。我想知道的是，羡慕心的目的是什么。

她在一个经济拮据的家庭里长大，从小就没享受过优裕的生活；她小时候所受的严格的宗教教育，让她在性爱和金钱方面放不开手脚，也让她养成了"为别人牺牲自己"的思维习惯；她曾两度经历失败的婚姻，承受过离婚的痛苦。不过，这些事实都无法解释她那异常强烈的羡慕心。相反，一有机会，她就对别人讲述这些遭遇，好让她的心理状态看起来合情合理。这些颇有说服力的借口，是她内心情结的一部分，让她的羡慕之心永远保持着活跃。

讽刺的是，她越是满怀怨气，向人倾诉她的不幸经历，就越感受不到这些经历留下的痛苦。她的羡慕心似乎把所有的痛苦都吸收了，让她得以回避过去。许多心理症候都会带来明显的痛苦，但这种痛苦会吸引患者的注意力，让他们暂时忘记现实和命运，从而免受更深层次的痛苦折磨。

我开始引导她仔细回忆一重重的痛苦经历。但她总有一些方法，让自己跟痛苦和清醒的认识拉开距离。比如，她会替自己的父母编造借口。"他们所知毕竟有限。他们已经尽力了。他们都是一片好心。"我则试图让我们两个人都感受到这些经历的悲伤和空虚，认识到她父母在养育子女上的失败之处。

看见别人饱受羡慕心的煎熬时，我们本能的反应，是为这个人加油鼓劲："你做得到。你肯定会得到你想要的东西。你并不比任何人差。"但这样大家只会掉进羡慕心的陷阱，他会说："我会努力让生活回到正轨，但我知道，从一开始我就注定要失败。"这样的人并不是缺乏追求美好生活的能力，而是不愿去追求。因此，我们必须克制这样的本能反应，充分尊重羡慕的症候，让它把我们引向羡慕者的内心世界。让他深刻体会眼前生活的空虚，未尝不是一件好事。心灵的需求受到压抑，就会产生不切实际的幻想，分散我们的注意力，让我们意识不到真实存在的空虚与痛苦。很显然，那位女士所缺乏的，是体会这种空虚与痛苦的能力。

终于，她开始用比较坦诚的态度看待自己的家庭生活，也开始从比较实际的角度看待她的朋友——他们生活中的不幸不比别人少。她语气中的羡慕和哀怨消失了，取而代之的是冷静与理性。她终于可以为自己的处境负起责任。

在嫉妒和羡慕中，幻想的力量非常强大，能够吸引我们的全部注意。心灵总是与生活连接在一起。而幻想的假象让我们沉迷其中，无法直接体验生活。嫉妒和羡慕将生活隔绝在安全距离之外；但它同时是心灵地图发出的信号，它们提供了一种契机，提醒我们重新探索心灵的境界，找回失落的情感和爱。

在心灵地图中，嫉妒和羡慕都不受理性的控制，很难通过主观努力压抑和消除，但可以逼我们通过健康幸福的表层，深入探索心灵的奥秘。我们只有触碰到心灵神性的一面，才能改变这种状况，最终找到更有深度、更成熟、更有弹性的生活方式。

我们的任务是跟随心灵，而与此同时，心灵也在跟随着我们。"跟随心灵"其实蕴涵了两方面的含义。一方面，我们尽最大的努力，尊重心灵所呈现的一切；另一方面，心灵则对我们予以关怀和照料。即使在心理疾病肆虐之时，心灵仍然在关怀我们，给我们指出脱离凡俗心态的道路。只有重新建立起神话层面的感性，才能缓解心灵的痛苦。在这一过程中，我们又朝丰富的精神生活迈进了一步。说来也怪，有时是心理疾病帮我们找到心灵的信仰。

第六章

阴影：心灵力量之源

当我们从自我和意志出发，想要完成一件事的时候，就会集中自己的力量，设计一套策略，尽最大的努力追求成功。希尔曼用"英雄式"或"赫拉克勒斯式"来形容这种行为。他取的是这两个词的负面意思：纯粹的蛮力，以及狭隘的、理性主义的视角。相比之下，心灵的力量更像是一座巨大的水库，或者——借用一个传统的意象——奔流不息的江水。这是一种自然的力量，不受人的意志操控。面对这种力量，我们需要扮演旁观者的角色，仔细观察心灵是如何跃跃欲试，急于投入生活的洪流。我们还需要找到合适的方法，以负责任的态度，引导和塑造这种力量，同时真心相信，心灵的意愿和需求有时候我们并不能完全了解。

无论是完全以自我为中心的意志，还是纯粹的被动态度，都不符合心灵的需要。跟随心灵，既需要大量的反思，也需要充分的行动。实现这一切的关键在于从心灵出发，让激情和想象成为行动的助力。

这让我想起，荣格在理论研究和日常生活中，一直都在探寻的"超验的功能"，一个既能承认心灵的神秘内涵，又能包容理性与意识的出发点。对荣格来说，这正是"我"的意义——作为行动与智能之间杠杆的支点，同时能感受到心灵和思想的重量。这不仅仅是理论上的架构，更可以成为一种生活方式，荣格的身体力行已经证明了这一点。由这样的观念和行动建立起来的力量，具有深厚的根源，不会陷入自恋性质的动机中无法自拔。《道德经》三十章说道："善者果而已，不敢以取强。"汲取心灵的力量，与自我对力量的缺乏并无关系。

那么，心灵的力量究竟发源于何处，我们又如何汲取这种力量呢？它发源于我们意想不到的地方。我相信，只要我们亲近心灵，不与心灵背道而驰，这种力量就会产生。失败和打击最容易激发出这种力量。因为心灵总是在经验的缺口和漏洞中显现出来。很多人都有过这样的经历：失业或是病痛的打击，反而让我们意外地找到了心灵的力量。

性格和身体上与众不同的特征，以及特殊的境遇，同样可以成为心灵力量的源泉。有人只因为嗓音低沉、富有磁性，就能给别人留下深刻的印象；有人天资聪颖，想象力丰富，经常开辟与众不同的思路；也有人天生拥有吸引异性的魅力，不需要刻意运用，就能发挥其中的力量。

有时，年轻人会在常见的领域追寻力量，却忽视了自己的个性和特质。他们在别人面前摆出一副轻松自如的样子，实际上心里却充满了焦虑和怀疑。很多人都觉得，只要表面上看起来足够"镇定从容"，就不愁没有力量。然而，伪装出来的力量和信心迟早会崩溃，那时人们就会陷入更深的不安全感中。

写作时，最好的方式是"描写自己熟悉的题材"。这道理同样适用于心灵力量的开发：尽量在你擅长的方面发挥优势。许多人投入大量的时间和精力改变自己，想成为与过去的自己完全不同的人，这与心灵地图是完全相悖的。因为独特的个性发源于心灵深处，正如泉水发源于大地深处一般。我们之所以成为现在这样的人，是因为我们的心灵地图具有与众不同的特质。

记得有一次，我即将开始一场演讲，一位朋友在开场前向听众介绍我。他说："我要告诉各位，汤姆并不是艺术家，不是学者，不是哲学家，也不是……"听到他这样说我的种种"不是"，我不禁觉得有点羞辱。当时我正在一所大学执教，至少在别人眼里还算是个学者，但我明白这位朋友不同寻常的介绍辞，不仅绝对正确，而且充满了智慧。或许每隔一段时间，我们都应该像这样剖析自己的身份，把不属于我们的东西剔除出去，让真正的本性显露出来。《道德经》二十二章把这一过程概括为六个字："枉则直，洼则盈。"

《道德经》的中心思想是"空"。心灵之空并不等同于空虚，它不会让我们焦虑。事实上，如果我们学会维持"空"的感觉，克制将它填满的欲望，那么，心灵的力量就会源源不断而来。我们必须容纳这样的"空"，而不是急着寻找心灵力量的替代品。只有学会容忍自己的弱点，才能开始发掘心灵的力量，发现心灵地图的奥秘。为了回避弱点而作出的任何努力，都算不上是真正的力量。如果我们总是用虚假的行为填补经验的缺口，心灵就永远找不到呈现出来的机会。

我认识一个年轻人，他的理想是成为一名作家。实际上，他内心深处渴望着四处漂泊、浪迹天涯，但他认识的所有同龄人都在上学，于是他决定压抑心灵的渴望，进入大学读书。结果他很快因挂科太多而退学，随即开始了一直向往的漂泊之旅。在刻意追求力量的过程中，我们很容易像这位年轻人一样，忽视心灵最明显的渴望。

心灵的逻辑和语言

跟随心灵，必须学会解读心灵的表达方式，这是最关键也最困难的一步。我们的思维是建立在理性、逻辑、分析、研究、公式和正反论辩之上的。然而，在心灵地图中，心灵运作和表达的逻辑则完全不同，无法直接用理性加以解读。心灵总是用迂回的方式，呈现出转瞬即逝的意象，它用欲望而不是理智来说服我们。

伊斯兰教苏菲派流传的两则故事，说明了心灵的逻辑与理性思维之间的不同。在第一个故事中，大智若愚的贤者纳斯鲁丁去找音乐教师学习音乐。

"每节课的学费是多少？"他问。

"第一节课 15 块钱，之后的每节课 10 块钱。"老师告诉他。

"很好。"纳斯鲁丁回答，"那我就从第二节课开始吧。"

    我不清楚这则故事是否有特殊的宗教含义，但在我看来，它体现了心灵敏锐灵活的机智，异乎寻常的逻辑，以及从中产生的巨大力量。中世纪的炼金术士们认为，与心灵有关的工作是"违反自然的事务"。这则故事就是一个例证，它说明心灵理解问题的方式是"非自然的"。耶稣也讲过类似的寓言：无论是从早干到晚的工人，还是天快黑时才到来的，领到的都是同样的工资。

    漫长、艰苦的努力，以及任何形式的公平，并不一定对心灵有益。影响心灵的效果，更多是通过"魔力"而非"努力"实现的。就算你兢兢业业、努力坚持，也不一定会对心灵产生你所期待的影响。人不应该天真地埋头苦干，然后指望自己的努力得到报偿。最好还是像纳斯鲁丁一样，靠着聪明机智，用最少的努力取得最大的效果。接受心理治疗时，患者可能会说："这样的治疗已经持续一年了，到现在总该有点效果了吧？"或是私下里想："我选择了开价最高的治疗师，理应享受最好的疗效。"建立在理性和公平之上的消费者观念，并不符合心灵的逻辑，对心灵力量的开发也无所助益。

    另一则故事的内容更为神秘：

备受人们崇敬的智者努里·贝，娶了一位年轻美丽的娇妻。

一天傍晚，他比往常回家早了一些，有个忠心的仆人跑来向他报告："您的妻子，我们的女主人，今天的举止有点可疑。她一个人待在房里，守着一口箱子，那箱子原先是您祖母的，大得足以装下一个人。箱子里原本只有一些上了年头的刺绣，但是我敢说，现在里面一定多了什么东西。她不准我打开箱子查看，尽管我是您最年长的仆人。"

努里去了妻子的房间，她正坐在箱子旁，满脸郁郁寡欢。

"你能不能给我看看，箱子里究竟是什么？"他说。

"是因为一个仆人的猜疑，还是因为你本身就不信任我？"

"何必费心猜测话语背后的玄机，把箱子打开不是更简单吗？"努里问。

"那不可能。"

"箱子锁上了吗？"

"是的。"

"钥匙在哪里？"

她举起钥匙给他看，同时提出条件："如果你把那个仆人解雇，我就把它给你。"

仆人被解雇了。努里的妻子把钥匙交给了他，自己则退出了房间。但很显然，她心中十分不安。

努里·贝思索了很长时间，然后叫来四个园丁，跟他们一起借着夜色，把箱子抬到很远的地方埋了起来。

从那以后，再也没人提起过这件事。

这则故事神秘莫测，令人着迷。我仍旧不知道，它是否有什么特殊的宗教含义。在我看来，它表明心灵——故事中的女人代表的——是一个承载着奥秘的容器。年老的仆人——故事中的长者——希望打开这个容器，弄清楚其中的奥秘。他的话似乎暗示，箱子里可能藏着一个男人，又或者暗示，箱子——心灵的容器——具有容纳一整个人的空间。代表心灵的妻子，询问她丈夫好奇心背后的动机，而他的反应则是典型的赫拉克勒斯式的：不去理会话语背后的玄机，而是寻求最简单直接的解决方式——打开箱子。

有多少次，我们急于下结论，不愿停下来玩味玄机，结果背离了心灵运行的地图。在如此看重"截止时间"的现代社会中，我们常常因为急于解决表面上的问题，而错过了解自己心中奥秘的机会。从努里妻子的观点来看，要想回避话语背后的玄机，直接把箱子打开，乃是不可能的事情。

但是她有钥匙。荣格曾说，"魂"是心灵的面孔。在这则故事里，努里的妻子是唯一能够打开和锁上箱子的人。矛盾的焦点在于，努里究竟会不会强行把箱子打开。我们是否需要把一切隐藏的东西都挖掘出来？是否需要揭开所有的奥秘？我们习惯了科学上的伟大发现——原子，基本粒子，DNA——所以我们自然而然地以为，所有的奥秘都等着我们去揭开。相反的做法或许有些怪异，但也同样有价值——用我们的智慧和技巧保存这些奥秘。

　　这则故事很有启发性，因为在故事的末尾，我们学会了处理心灵事务的方法。努里·贝思索了很长时间，他在思索中创建了自己的内心世界，然后采取了对心灵最为有利的行动。他叫来四个园丁——按照荣格的观点，"四"这个数字象征着完整。他们借着夜色把箱子抬到远处，埋了起来，然后就不再提这件事。我们总以为，力量来自理解和显露。然而，俄狄浦斯的故事告诉我们，这样的方法走不了多远。俄狄浦斯解开了斯芬克斯之谜，却瞎掉了双眼，之后才慢慢认识到超乎理性之外的奥秘。从心灵的角度来看，有时我们需要抑制好奇与怀疑，将某些东西在远处埋藏起来，信任我们心灵的伴侣，让见不得天日的事情永远保持秘密。

　　一位男士曾对我谈起他所爱的女子。他们两人吵了一架，他在气头上未经思考，就写了封言辞恶毒的信给她。信还没有送到，他已经恢复了清醒，打了个电话给她，叫她不要阅读信的内容。后来她告诉他，她一收到信就把它撕了。她对信的内容非常好奇，而且撕破的信纸就在垃圾桶里，她还能看见上面的字迹。她承认，她当时非常想把信重新拼起来阅读，但最终还是忍住了。那位男士告诉我，就在那一刻，他感到两人之间连着一条无法割断的纽带。她对信中奥秘的尊重，让他们的感情关系更深了一层。

　　这些故事说明，力量并不一定要在行动中显露出来。努里·贝完全可以采用强制性的手段，揭开妻子的秘密，但他选择了尊重她的隐私，从而保留了他自己的力量。其实，我们在保护他人力量的同时，也保护了我们自己的力量。

暴力和对力量的需求

"暴力"这个词来源于拉丁文词根"vis"，意思是"生命力"。这样的构词法表明，生命的冲劲会在暴力行为中得到显现。如果心中缺乏这样的生命力，暴力行为就会被我们的压抑和妥协、恐惧和自恋所扭曲。

抱着简单的态度，一心只想根除暴力行为，无疑是错误的。在努力根除暴力行为的过程中，我们很可能与内心深处的生命力失去联系。心灵的生命力与自然界中植物的力量非常相似，就像水泥缝隙中顽强生长的小草，在相对较短的时间里，就可以抹去人类宏伟建筑留下的一切痕迹。无论我们怎么努力去驯服、禁锢这种力量，它最终都会突围。

绝大多数因情感问题接受心理治疗的患者都是"生命力受到压抑"。现代社会削弱了人们的生命力，让它变得越来越难以察觉。文艺复兴时期的医师们认为，愤怒与生命力同属于战神玛尔斯的领域。在他们看来，每个人心中都潜藏着爆发性的能量，随时可能释放到周围的世界里。做百分之百的自己，让自己的个性和天赋充分显现出来，这就是玛尔斯的精神。一旦达到这样的境界，我们就可以用自己的理想和存在方式，挑战整个世界。

　　在演艺界和政界，经常有一些才华卓越的人物，带着无法抵挡的精力和热情，突然出现在大众面前。他们只需要展示真实的自己，就足以让我们感到震撼。他们就像划过天际的流星，短暂、耀眼，在我们这个驯顺而怯懦的世界里飞驰而过。我们总说这些人拥有"感召力"，这个词的本义是天赐的才华。他们的力量不是来源于自我，而是发自他们的人格与作为中熊熊燃烧的神性光芒。

　　个性的表露一直被认为是对现状的威胁。即使是在强调个人价值的现代社会，在很多方面，我们仍然要求个人屈从于整体。现代生活的平稳和单调，让我们深深沉溺其中。就算你跑很多地方，也不一定能找到一家有个性的商店或是餐馆。无论在哪里的商场、饭店和电影院里，你看见的都是同样的衣服、同样的商标、同样的菜单、同样的片目、同样的建筑样式。然而，心理分析告诉我们，重复就意味着死亡。简单盲目的重复，会阻碍个体生命的释放。在重复性主导的文化中，一切都死气沉沉，完全没有惊奇存在的空间。

　　即使是最简单的新花样，比如一种新的食物，也会对重复性构成威胁。我们都知道，时装可以用来体现一致性，也可以用来标新立异，政治集团的成员会以头发的长短表明立场。在日常生活中，即便如此简单的选择也具有实实在在的力量。一个只关心秩序和稳定的社会，会在"为大多数人着想"的借口之下，慢慢地、不知不觉地丧失生命力。

　　很多时候，当某种能量被压抑得太久以后，就会以某种形式重新出现。我们的幻想会凝结成某种具体的东西，并且具有神物的力量和诱惑性。从这个角度看来，我们充满神秘和威胁的核武器库，其实正代表了心灵中被忽略的成分。核弹头和洲际导弹让我们濒临毁灭。它们时时刻刻提醒我们，有些力量是我们无法控制的，作为一个社会，我们有可能毁灭自己，也有可能毁灭其他人，甚至整个地球。作为神物，它们的力量是前所未有的。荣格思想的追随者、心理分析家吉格里希认为，核弹头与《出埃及记》中的金牛犊一样，都是人们崇拜的偶像。吉格里希认为，所谓的金牛犊其实是一头成年的公牛，代表了兽性无限的力量。但他又认为，在摩西摧毁金牛犊的那一刻，人类就放逐了这种黑暗的力量，从此只事奉光明的神祇。如此看来，今天的核弹头其实是金牛犊信仰的延续。黑暗的力量被我们排斥和压抑了太久，如今被迫以神物的形式重新出现，以它毁灭性的力量，继续让我们心醉神迷。

所以我认为，在看似无法解决的暴力问题和现代社会的平稳单调之间，其实存在着一种联系。在神话中，玛尔斯是创造性和力量的源泉，用生命激情映照着他周围的一切。心灵需要玛尔斯的创造力和挑战精神。可是一旦玛尔斯遭到漠视，就只能以神物和暴力的方式显现出来。玛尔斯引发的暴力，比个人的愤怒不知要强大多少倍。他的力量是创造力和破坏力的结合，是生命本身的奋争。

心灵没有任何中立的成分。我们要么理解它表现出来的幻想和欲望，响应它的需求，要么因为漠视它而承受苦痛，没有别的选择。心灵的力量可以把我们送上喜悦的巅峰，也可以把我们投进沮丧的谷底。这种力量可以创造，也可以破坏；可以是温柔的，也可以是霸道的。力量在心灵深处孕育成长，然后借着心灵的外在表现，进入我们的生命之中。如果我们不沿着心灵地图前行，就得不到真正的力量，而如果我们缺少力量，也就无法享受真正的心灵生活。

施虐受虐狂

心灵的力量一旦遭到漠视、侵夺和玩弄，我们就会陷入施虐或受虐狂的状态。在这样的状态下，原本正常的心灵力量，会分裂为施虐与受虐的两极。表面上看，这或许跟真正的力量没有什么不同，但在本质上，这样的状态意味着力量的丧失。每当一个人欺凌另一个人时，真正的力量就会消失不见，取而代之的是一场对双方都有害的闹剧。

施虐受虐狂所造成的力量分裂具有毁灭性和两极性，其中的一极相对明显，另一极则较为隐晦。使用暴力的人，表面上扮演着控制者的角色，实则内心充满了脆弱和空虚。另一方面，惯于扮演受害者角色的人，往往在用非显而易见的手段控制着对方，尽管他们自己未必能察觉到——表面和实际情况并不一致。弱者装腔作势，摆出一副强大的姿态；真正的强者则把自己的弱点隐藏起来，旁观者只能看到表面的现象。我们误以为别人伪装出来的力量是真实的，结果深受其害。

身为心理医生，我每天都要处理这种分裂。有一位女士哭着来找我，她结婚 10 年的丈夫搞起了婚外情。很显然，她希望我同情她的遭遇，跟她一起谴责她的丈夫，逼他纠正他的行为。但我一直保持着谨慎的距离。自打一开始，我就注意到了两件事情——她夸大了自己作为受害者的感觉，而且努力用这种感觉控制我。她执迷于受害者的角色，以至于完全意识不到，她在试图控制她丈夫和我。我向她指出这一点时，她说我彻底搞错了，她再也不会回来见我。我不为所动，坚持自己的立场，直到她开始正视这个问题。几个星期之内，她丈夫就结束了那段婚外情，她的婚姻生活也恢复了和谐。事情的转变如此之快，让我也深感惊讶。她告诉我，早在几年前，另一位心理医生就跟她探讨过控制的问题，当时她以为问题已经一劳永逸地"解决"掉了。

当她本可以轻易地把责任推卸给丈夫时，她却能控制愤怒的情绪，检省自己的内心，这就是她真正的力量所在。

毁灭的黑暗天使

暴力与阴影关系密切，尤其是力量的阴影。对很多在现代美国出生成长的人们来说，纯真——对阴影的抗拒或缺乏——是实现心灵力量的重大障碍之一。人们谈论力量和纯真的时候，常会提起他们接受过的宗教教育，而这些教育总是要求他们忍辱负重、逆来顺受。哲学家米勒指出，人们像羊群一样去教堂做礼拜的意象，暗示了这样的观念："善良"意味着软弱和顺从。

过于认同美国社会流行的一些幼稚观念，也会导致力量的丧失。理想主义、大熔炉、机会均等、人人生而平等——这些植根于美国文化基层的观念，不仅在美国人心中投下了阴影，也让许多美国人觉得力量是不好的东西。在刻意压制之下，力量变成了阴影的一部分，结果，许多权力斗争只能在暗中以卑劣的方式进行。

我们的梦境中经常会出现黑暗力量的意象，我们既可能是这种力量的拥有者，也可能是它的受害者。例如，一位中年男子告诉我，他梦见自己站在一家银行门口，等着银行开门。他的一位女性朋友跟他站在一起，旁边还有几个人。他忽然注意到，身边的两个人的口袋里揣着手枪，枪柄已经露出来了。那两个人正在慢慢掏枪，他本能地拔腿就逃，把朋友留在尘土中间，完全顾不上她的死活。醒来时，他为自己的怯懦感到十分愧疚。

那位男子认为，他的梦表现了他对暴力的恐惧，他连最平常的争执都不知道该怎么应付。他告诉我，如果是在平时，他本来会十分挂念这位朋友，然而在梦中，恐惧盖过了他对她的关心，结果他就自顾自逃命去了。他说，他以前也梦见过枪，每次都吓得魂不守舍，一心只想着保全性命。在梦中，他从来没有参加过枪战，他觉得这是自己性格的一大弱点。

有时我们需要理解，梦中的人物看起来像是人类，却生活在想象力的世界中，在那里，现实生活中的自然和道德法则都不再适用。他们的行动充满了奥秘，不能以常理来解释。在我看来，那两个枪手是那位男子梦中的黑暗天使，他们所做的乃是他想都不敢想的事情。他害怕他们的枪，从他们身边逃开，这并不一定是怯懦的表现。因为面对有枪的对手，逃跑似乎是明智的反应，尤其是在他自己没有枪的时候。他从那位女性朋友身边逃开，也可以看作他面对暴力时的表现：他远离了他习惯去保护的世界——女性的、感性的世界。

这个梦不仅跟枪有关，同时也牵涉了抢劫银行。或许这样的梦境，其实是他在向自己暗示偷窃行为的必要性。有时候，为了生存，你必须戴上黑面具，再在口袋里藏上一支枪。

在上文中，我们提到过耶稣讲述的故事：从早干到晚的工人和只工作了一个小时的那些人，得到的工钱一样多。在希腊神话中，赫耳墨斯生下来的第一天，就偷走了他哥哥阿波罗的羊群。这个故事似乎告诉我们，要像赫耳墨斯一样多才多艺，我们必然会损失阿波罗式的价值观念。纳斯鲁丁和音乐教师的故事，似乎也是在鼓励欺骗。无论是在福音书上，还是在数不清的耶稣受难像中，耶稣都是被钉在两个盗贼中间的十字架上。

著名作家王尔德在狱中创作的《深渊书简》，是浪漫主义神学的最高杰作之一。在这本书信体的著作中，王尔德论述了阴影在耶稣形象中的地位：

"世人皆喜爱圣徒，因为圣徒最接近上帝的完美。基督以他神赐的本能，一直喜爱罪人，因为罪人最接近人的完美。他最大的愿望不是改造人们，更不是终结人们的苦难……他以世人无法理解的方式，把罪行与苦难视为美丽神圣的事物、一种完美的形式。"

如果我们用王尔德的观点诠释那位男子的梦境，那么，梦中的两名枪手就成了耶稣身边的两个盗贼。他们或许是堕落的天使，在人间的职责就是抢劫银行。可能他们的做法让世人难以接受——为了让心灵更加富裕，有时我们必须用阴暗的手段，从储藏财富的地方窃取我们需要的东西。单单获得我们所期待的或是努力争取的，又或是为之忍受苦难的东西，有时并不足够。越是在自认为纯真的时候，我们越有可能发现自己其实身处盗贼或是枪手之间。

心灵的阴影是真实的，也是令人恐惧的。黑暗是阴影永远的属性。恐惧与力量永远不会相隔太远。真正的纯真永远出现在罪孽的附近。王尔德所指出的，正是这样的奥秘——一旦离开了"恶"，就没有真正的"善"。**如果我们拒绝承认暴力在心灵中的地位，一味追求简单苍白的"纯真"，那只会助长这个世界上的暴力。**

经常有人告诉我，他们在梦中见到了枪或是别的武器。与其说这是纯真生活的反面写照，不如说这是心灵喜爱力量的证明。在社会上，枪是一种仪式性的物品。法令越是禁止持枪，枪就越受到人们喜爱。在我们周围，枪是最具备"神性"的物品之一，既让我们着迷，又令我们不安。枪是危险的，并不只是因为它能直接威胁我们的生命，更是因为它能把我们对力量的欲望具体化、神物化，让力量既处于我们视线之中，又远离我们的心灵生活。枪的存在对社会构成了威胁，而我们都是它的受害者——这意味着，我们的神物违反了我们的意旨。许多美国城镇都保留了几门老旧的大炮，放在专门的位置上展览——在我故乡的小村里，路边就陈列着这样一门炮，这体现了我们对枪炮、对杀人力量的虔诚尊奉。

人们常说枪是生殖器的象征，或许这句话应该反过来说——生殖器是枪的象征。枪的威力让我们痴迷，而"令人痴迷"（fascinating）这个词，正是源于生殖器（phallus）的词根。我并不认为枪是男性的专利。"枪炮"（gun）这个词源于一个女性名字 Gunnhilda，这个名字在北欧古语中的意思是"战争"。第一次世界大战中，德军制造的列车巨炮被命名为"大贝尔莎"（Big Bertha），这又是一个女性名字，这说明枪炮或许是心灵中女性力量的外在体现。

心灵是强有力的，也是具有爆发性的。在情感最为强烈的时刻，心灵就是一支枪、一门大炮，拥有巨大的威力。之所以说"笔比剑更强大"，是因为笔更能表现心灵的激情，让人们通过想象力从根本上发生改变。

在心灵地图里，如果不去发掘心灵的力量，为我所用，我们就会反过来成为它的受害者。我们无法享受情感的快乐，只能忍受情感的折磨。我们把思想和激情禁锢起来，不让它们进入我们的生活，结果它们只能在我们心中制造麻烦，让我们心烦意乱，甚至表现出心理疾病的症候。我们把怒气强压下去，结果它在心中积压变质，转化成腐蚀性的憎恶和狂怒。即使是憋在心中不去表白的爱，也会对心灵造成压力，最终不得不以某种形式释放出来。

如果说暴力是生命力受压抑表现出的症候，那么这种症候的治疗之道，就是跟随心灵的力量。个性、怪癖、自我表达和激情，都是这种力量存在的图例和注记，只有愚蠢的人才会否定它的存在，因为它无法真正被压抑。从心灵的观点看来，街头暴力的存在，不仅仅是贫困和生活环境恶劣的缘故，更是心灵与精神得不到展现的结果。

苏格拉底和耶稣用善与爱教导世人，而他们之所以会被处死，是因为他们的心灵拥有强大的、令人不安的力量，这种力量在他们的言行中都显现出来。尽管没有枪，他们仍然对当权者构成了威胁，因为世间最强大的力量，莫过于向人们展示他们的心灵。这同样可以解释耶稣为什么会被钉在两个盗贼之间——在否认心灵的当权者看来，他的确是一个罪犯。犯罪和越轨的欲望，是心灵阴暗面的基本属性，是完整人格不可或缺的一部分。只有在受到压抑和排斥的时候，它们才会以暴力的形式表现出来，在城市的街头游荡。

心灵生活永远存在着阴影，而心灵力量的一部分，正是来自它的阴影特质。在阴影日渐加深的时候，我们必须放弃虚假苍白的纯真，才能触碰我们的心灵，过上有深度的生活。放弃对纯真的追求，让心灵充分展现，可以增加心灵的力量。这股力量会为生活添加动力与激情，因为心灵在生活中得到了充分的表达。玛尔斯在受到尊重时，会为我们所做的一切添加一层深红的色彩，让我们的生命充满张力、激情、决心和勇气。而他一旦遭到漠视，我们就会因盲目的、无法控制的暴力而蒙受痛苦。所以，我们必须尊奉玛尔斯的精神，让心灵在创造、个性、想象力和破除偶像的行动中，焕发出全部的生命力。

第七章

抑郁：生命的馈赠

　　心灵能呈现出多种不同的色彩，其中也包括代表忧郁的蓝色、灰色和黑色。要跟随心灵，我们就必须关注它所有的色彩，而不是只把目光集中在明亮的色调——白色、红色和橙色上。给黑白电影上色的"聪明"主意，正反映了我们对灰暗色彩的排斥。在一个提防生命的悲剧意味的社会里，抑郁被人们当成了一个敌人，一种无可救药的疾病，然而在这样一个唯"光明"是从的社会里，抑郁症反而甚嚣尘上。

　　在心灵地图中，我们必须理解和接受心灵的呈现方式。抑郁发作时，我们可以这样问自己："它为什么会出现呢？"抑郁与死亡的感觉密切相关，所以，在处理抑郁问题时，我们必须小心翼翼，学会接纳抑郁的情绪，尊重它在心灵循环周期中的地位。

　　某些感觉和想法似乎只有在阴暗的情绪下才会出现。如果我们压抑这样的情绪，就会把这些感觉和想法一同压抑下去。对于有价值的"消极"情绪而言，抑郁是一种重要的表达渠道，正如温情是爱的表达渠道一样。爱的情感会自然引发爱的举动，而抑郁的灰暗和空虚，则会把原本隐藏在轻松情绪背后的思绪激发出来。有些时候，人们会带着阴暗的情绪前来接受心理治疗。他们会说："我今天不该来的。下个星期我的感觉就会好起来，到时候再继续治疗不迟。"但我仍然为他们能够前来而高兴，因为在这样的情绪状态下，他们的心灵会显露出许多平时看不见的内容。忧郁的情绪能给心灵提供一个机会，让它展现自己本性的另一面——被我们对阴暗和痛苦的嫌恶所掩盖的一面。

萨杜恩之子

今天，相比于"悲伤"（sadness）或者"忧郁"（melancholy），我们似乎更喜欢"抑郁"（depression）这个字眼。或许拉丁式的构词方式，让 depression 这个词显得更严肃、更有学术气息。生活在五六百年前的人们认为，忧郁的情绪是由罗马神话中的农神萨杜恩司掌的。抑郁的人被认为是受了萨杜恩的影响，而长期处于忧郁情绪中的人，则被称为"萨杜恩之子"。既然抑郁与萨杜恩有如此密切的联系，那么，它也难免受萨杜恩其他特质的影响。例如，萨杜恩被人们称作"老人"，他统御过人类历史上的黄金时代，是过往岁月的守护神。

每当我们怀念"过去的好时光"时，都会唤起这位神祇。抑郁中的人们经常觉得，美好的时光全都已成过去，现在和未来则一无所有。如此忧郁的念头，其根源在于萨杜恩对过去记忆的偏爱，以及对岁月流逝的感慨。这些想法和情感尽管悲伤，却能满足心灵"一半存在于时间中，一半存在于永恒"的需求，甚至能以某种诡异的方式，让我们感到愉悦。

然而，萨杜恩并不仅仅让我们怀念"过去的好时光"，他还提醒我们，生命仍在继续——我们还在一天天变老，变得越来越有经验，甚至越来越睿智。即使是刚刚三十多岁的人，也会在跟别人谈话的时候，突然回想起二十年前的自己。他会停下来，惊讶地想："要是在二十年前，我绝不可能说出这样的话！看来我是老了。"年龄的增长和经验的积累，都是萨杜恩的馈赠。曾经年轻的心灵，随着年龄的增长，获得了新的、积极的能力与特质。如果我们否定老年的意义，一味缅怀年轻时光，心灵就会迷失方向。

抑郁给我们的礼物是"历练"，这并不是实际经验的积累，而是一种看待自己的态度。经过某件事情的历练之后，我们会觉得自己又长大了一点、聪明了一点。然后，我们逐渐明白，生命意味着苦难，而知识则能改变人生。我们再也不能享受无忧无虑、轻松愉快的青春，这既让我们悲伤，也让我们欣喜，因为只有这样，我们才能达到自我接纳、自我了解的境界。对年龄与衰老的理解，既带着忧郁的氛围，也散发出高贵的气息。

青春总是让人难以放弃，因为放弃青春意味着承认死亡。我一直怀疑，越是追求"青春永驻"的人，到头来越会陷入严重的抑郁。如果我们拒绝为萨杜恩服务，他就不得不找上门来，以抑郁的形式为我们的心灵增加色彩和深度。萨杜恩会让心灵自然老去，正如风霜雨雪会让建筑物自然老化一样。他让我们的思想变得更加深邃，让漫长生命中的经历沉淀下来，变成我们本性的一部分。

在传统文献中，萨杜恩被描述成一位冷漠的神祇，医学典籍则将他尊为智慧与哲学思想之神。在写给政治家及诗人卡瓦尔康提的一封信中，费齐诺把萨杜恩称为"独特的、神圣的馈赠"。但他告诫读书人——尤其是好学的读书人——不要让心灵带上太多的萨杜恩成分。他认为，读书人习惯独坐沉思，很容易陷入严重的抑郁之中，所以必须设法排解阴暗的情绪。但在今天，或许我们更需要相反的提醒：不读书、不研究、不思考的生活，同样是危险的。萨杜恩带来的阴暗情绪，的确具有危险性，但他对心灵丰富性的贡献也是不可或缺的。如果允许他带来的抑郁造访心灵，你就能感觉到身体、肌肉和脸孔发生的变化——你正从年轻人的乐观主义和"生命不能承受之轻"的重压下解脱出来。

如果我们不把"抑郁"当成一个消极的字眼，或许就能理解和接受它在心灵活动中的作用。为什么不把"抑郁"当作心灵的一种存在形式，既不好也不坏，只是心灵的一种自发的活动，就像行星绕着太阳运转一样呢？

随着年龄的增长，我们的个性会逐渐显露出来，散发出人格的芬芳，正如果实生长成熟一样。按照文艺复兴时期的观点，抑郁、个性与年龄的增长，三者是不可分割的——年龄增长带来的悲伤是个性形成过程的一部分。忧郁的思绪会营造出足够的空间，让智慧在其中安顿下来。

萨杜恩代表的金属是铅。当种种飘逸轻灵的元素在心灵中结合沉淀时，就会形成铅一般的重量和密度。由此看来，抑郁其实就是思维与情感沉淀的过程。随着我们渐渐变老，我们原本轻盈散乱、彼此毫无关系的念头，会逐渐沉淀成价值观和生活哲学，让生命变得更加充实稳固。

抑郁带来的空虚感是痛苦的，我们总想摆脱这种痛苦。然而我们若能换个态度，投入抑郁的情绪和思维之中，就可以获得更深层次上的满足。有些人认为，抑郁就是没有想法、没有依靠的空虚状态，是我们所熟悉的事物和生活结构的崩溃，是乐观主义的丧失。如果我们能用更广阔的眼光看待这种空虚，或许就能学会理解和接纳它，让它助长我们的想象力。

当我们在亲朋好友身上观察到抑郁的症候时，不妨放弃"人生必须是快乐的"这种一神论的观点，做一个虚心的旁观者，看他们的心灵如何应对命运的沉重与严肃。按照心灵地图的提示，我们所能做的就是接纳和包容他们的抑郁情绪。当然，像所有的情感一样，抑郁有时会超出正常的范畴，形成严重的心理疾病。

抑郁会让我们担心，这样的状态是不是永远不会结束，生活是不是永远不会再有激情和乐趣。这是抑郁者情感模式的一部分——担心自己困在萨杜恩的领域里永远无法脱身。进行心理治疗时，我总是把患者的担心和恐惧，理解为萨杜恩影响心灵的方式。萨杜恩会让我们迷茫，让我们感到无路可走，如果我们不去抗拒萨杜恩的影响，把它的阴暗特质视为人格的一个方面，那么，担心的感觉自然就会消失。

死亡的暗示

身为罗马神话中的农神，萨杜恩是收割者，是岁末节庆"农神节"的守护者，是收获之神。因此，处于抑郁的情绪中时，我们经常会察觉到死亡的意象。抑郁的人们有时会说，他们的人生已经过去了，未来已经没有希望。他们感到消沉沮丧，是因为他们多年来信守的理念与价值观，突然之间失去了意义。他们一向珍惜的真理，如同收获时节的谷壳一般，消失在萨杜恩的黑土之中。

为了跟随心灵，我们必须接纳所有的死亡意象。就算我们坚守熟悉的人生观直到人生的最后一秒，最终在死亡面前，我们还是不得不将它们放弃。如果我们感到人生已经过去，再坚持下去也没有意义，那就不如放开原有的观念，接受抑郁引发的情感和思绪。文艺复兴时期最深刻的神学家之一——库萨的尼古拉曾说，有一次他正乘船航行，心中忽然灵光一闪，意识到我们必须承认，我们对最深邃的事物其实一无所知。当我们发现自己不知道上帝是谁，也不知道人生是怎么回事时，我们就认识到了自己对生命的意义与价值的无知。从这样的认识出发，我们可以建立一种新的知识，一种根基扎实、视角开阔、不会终结于固执成见的知识。他拿几何学里的概念打比方说：如果说对人生基础的彻底了解是一个圆形的话，那么我们无论如何追求知识，都只能得到一个多边形，与完美的圆形永远有差距。

正因为我们太固执于旧有的知识和解释，在抑郁带来的空虚感面前，才会感觉到人生意义的崩溃。当我们用个人哲学和价值观把心灵包裹起来，抑郁就会降临，在我们的观念里打开一个缺口。古代的占星家认为，萨杜恩守护的土星是最遥远的行星，位于寒冷空旷的外层空间。它带来的抑郁，让我们的理论和假设漏洞百出，这一过程虽然痛苦，却是治疗心灵的必要步骤。

王尔德曾经描述过这样的现象，尽管他强调"圆满"是人生的核心追求，但他也清楚"空虚"的重要。他曾因爱上另一个男人而入狱，在狱中写下了《深渊书简》。他在信中写道："一个人最大的奥秘就是他自己。他可以称出太阳的重量，算出月球的圆缺，绘出七重天上的每一颗星辰，然而他仍然是他自己。谁又能计算他自己灵魂的轨道呢？"或许像库萨的尼古拉一样，我们也需要自己去发现，我们无法计算自己的心灵地图。这种奇特的过程——发现我们自己的极限——或许并不仅仅是有意识的行为，当我们陷入抑郁之中，它就可能悄然降临，暂时让我们体会不到任何快乐，逼我们重新估价我们的知识、观念和我们存在的根本目的。

尽管萨杜恩式的情绪的确有积极作用，但我们也不能忽视它带来的巨大痛苦。能给心灵带来独特收获的，并不仅仅是程度轻微的忧郁，长期性的、深度的、剧烈的抑郁症，同样能让人生的基本信条得到清理和重建。在传统艺术中，"萨杜恩之子"经常被描绘为木匠的形象，正在为即将兴建的房屋铺设地基、架构梁柱。很多人都曾梦见正在施工的建筑，这也暗示着，心灵是"建造"出来的，是工作、创造和努力的结果。弗洛伊德指出，在抑郁症发作期间，外在的生活或许一片空虚，但心灵中的工程却在全速进行。

与抑郁妥协

用荣格的话来说，萨杜恩或许是"魄"的象征。"魄"是心灵的一部分，是观念和抽象思维的发源地。许多人的气质偏向于"魂"——充满想象力，懂得品味生活，善于交流感情，跟周围的人交往密切。这些人很难脱离情感的层面，看清楚周围发生的事情，把生活经验跟理念和价值观联系起来。用另一个古典隐喻来说，他们的经验是"潮湿"的，因为他们对感情层面的生活太投入了。所以，偶尔到萨杜恩遥远、寒冷、干燥的领域神游一番，对他们是有好处的。

这种干燥可以让意识从潮湿的情感中脱离出来。我们经常在老年人身上目睹这一过程，他们在追忆过去时，往往带着或多或少的超然，置身于回忆的内容之外。事实上，萨杜恩的视角有时候是冷酷无情的，甚至是残忍的。

　　爱尔兰剧作家贝克特的短剧《克拉普的最后一盘录音带》，以幽默、尖锐的风格，描写了萨杜恩式的回忆。剧中的主角克拉普一辈子录下了很多录音带，年老时，他把这些录音带播放出来，闷闷不乐地听着过去的自己留下的声音。放完一盘录音带之后，他决定坐下来再录一盘："刚听完那个浑蛋说的话，那居然是 30 年前的我，我怎么可能有那么糟糕？感谢上帝，这一切总算都过去了。"

　　这几句台词，显示了过去与现在之间的距离，以及观念的变化和价值观的崩解。在贝克特的绝大部分剧作中，主要人物都会表露出沮丧和绝望，似乎他们旧时的人生没有留下一丝痕迹；然而，在如此的空虚中，他们又表现出一种"高贵的愚蠢"。在这些人物的悲伤中，我们可以领悟到人生的一个奥秘，有时人生意义和价值观会突然消失，我们感到绝望，寻求退缩，这并不是精神失常的现象，它会对心灵产生神奇的影响。

　　"克拉普"这个名字是 crap（废物）的谐音，昭示着抑郁对人生价值的破坏作用。然而，克拉普的做法告诉我们，没有感情的懊悔和自我批判，并不一定是心理上的综合症状。我们可以把它视为人生所必需的愚蠢，而它也的确对心灵有所裨益。克拉普的自我批评，或许会被专业的心理医师当成神经质受虐狂的表现，但贝克特让我们看到，即使是如此丑陋愚蠢的行为，也有它自己的道理。

　　克拉普一边听录音，一边咕咕哝哝地咒骂。我们让记忆在脑海中反复回放，等它沉淀下来时，其实也就是这副样子。经过足够长的时间之后，精华的东西会逐渐浮现出来，有如沙里淘金。我们天性的精华，经过抑郁的沉淀，最终成了萨杜恩最宝贵的馈赠。

　　凡是与萨杜恩接触过的东西，都会变得稳固、阴暗、沉重而坚硬。一旦抛弃了萨杜恩式的情绪，我们就会发现，要让人生永远保持光明温暖，实在是一件耗费精力的事情。萨杜恩的缺失可能会让我们的个性变得模糊不清，使我们感到莫名的厌倦与无聊，无法认真对待生活。

　　萨杜恩会让个性深深植根于我们的心灵中，而不是浮在人格的表层。一旦心灵积累了足够的内涵，个性就会自然浮现出来。只有弄清楚我们是由什么构成的，我们才能知道自己究竟是谁。构成我们个性的因子，会在抑郁的思绪中得到筛选，存留下来的都是精华。而对死亡的长期思考，会留下一个苍白惨淡的影子——那个干燥的、精炼的"我"。

　　沿着心灵地图前行，就可以到达抑郁所代表的那个世界。从心理医学的角度讨论"抑郁症"时，我们总把它当成一种情感或行为上的问题，但如果我们把抑郁想象成萨杜恩的一次拜访，就能了解他的世界所具有的种种特质——孤立，凝重，充满记忆的沉淀，与死亡密切的关系。

　　对心灵来说，抑郁是一种入门仪式，一次成年礼。抑郁并不意味着想象力的缺失，它造成的空虚，乃是思绪和情感的温床。

如果我们把抑郁当成一种病症来治疗，就会逼得萨杜恩式的情感无路可走，只能通过怪异的行为表现出来。所以，我们不如敞开心扉，邀请萨杜恩进来，让他想待多久就待多久。在文艺复兴时期的一些园林里，萨杜恩拥有自己的领域——一间偏僻的、阴暗的、太阳照不到的亭子，人们可以在那里独处，静下心来反思。有些时候，人们需要这样的独处。我们应该为抑郁者的情感提供必要的空间，而不是尝试改变他们或是解读他们的想法。而作为社会，我们可以在设计建筑的时候，专门留出萨杜恩的领域。在一幢住宅或是商业建筑中，专门留出一所房间或者一片园林，让人们在那里独处沉思。现代建筑在涉及认知的层面时，似乎更喜欢方形或圆形的设计，这样的空间更适合群体生活。抑郁则具有一种离心力，驱使人们远离人群。我们总是把各种建筑和机构称为"中心"，但萨杜恩或许更喜欢"边界"。

有时我们会让电视一直开着，不管有没有人来看；有时我们会让广播一天到晚响个不停。这些做法都会破坏萨杜恩式的宁静。我们不愿看到空虚的存在，想方设法把它填满，结果侵占了萨杜恩的领域，让他走投无路，只能寄居在抑郁的边缘。

为什么我们认识不到心灵的这一面？其中一个原因是，我们对萨杜恩的绝大部分了解，都来源于症候性的行为。空虚感总是出现得太晚、太真实，以至于我们意识不到心灵存在空间的缺失。在城市里，用木板钉上门窗的住宅和濒临倒闭的企业，象征了经济和社会的萧条。在这些"抑郁"的环境里，心灵的成分了无踪迹，表现出来的只有外在的腐朽。

无论在社会经济上还是个人情感上，我们都习惯于把抑郁视为一种失败，一种威胁，一种与我们的计划和期望相左的意外情况。何不换一种态度，把萨杜恩和他阴暗空虚的领域，视为一种理所当然的存在？何不让萨杜恩的价值观念融入我们的生活，从而与他达成和解？（"和解"一词同时具有"承认"和"尊重"的含义。）

要表达对萨杜恩的尊重，我们也可以采用另一种形式：在心灵地图的指示下用更加平实的方式对待严重的、危及生命的疾病。医务工作者都知道，如果患者和家属能够无所掩饰，大大方方地讨论晚期恶疾的情况，就能节省许多资源和精力。我们还可以借机提醒自己，人都有一死，我们自然也不例外。如果我们拒绝考虑死亡的可能性，心灵就得不到关怀和滋养。

抑郁是心灵的一个层面，如果我们承认它，把它引入我们的感情关系，就可以让亲密的程度更深一层。如果我们对它遮遮掩掩，或是试图否定它，那么我们表现出来的，就不可能是真实而完整的自己。掩饰心灵的阴暗面，只会导致心灵的沦丧；只有承认和接纳它们，我们才能享受纯粹的群体生活和亲密关系。

抑郁的治疗力量

几年前，神父比尔给我讲述了一个耐人寻味的故事。事情发生在他65岁那年，那时他已经做了30年的神父，一直深受人们的敬重。在一座乡村教堂传道时，他秉着自己的良知，用教堂的钱资助了教区中的两位妇女。然而，主教却认为他判断失误，浪费了教堂的资金，勒令他在两天之内走人。

最初跟我谈起这些情况，比尔显得很有精神，很愿意回忆他经历过的一切。他参加过群体心理治疗，知道该如何宣泄心中的愤怒。有一段时间，他甚至打算做一名心理治疗师，帮他的同行们解决各种心理问题。但只要谈起方才提到的那件事，他总是找各种天真的理由和借口搪塞："我只是想帮助她而已。她需要我。如果她不需要我的关心，我也绝不会关心她。"

我知道，我必须保持客观的态度，聆听比尔不同寻常的经历，而不是过早作出评判。我们花了很多时间谈论他的梦境。很快，他就学会了解读梦中的意象。我建议他把接受群体治疗时画下的图画带给我看。我们花了几个星期的时间讨论这些意象，随着讨论的内容由浅入深，他的本性也渐渐浮现出来。重新浏览这些图画，也给了比尔一个机会，让他得以仔细回忆自己的家庭背景，以及当初成为一名神父的原因。

接下来，一件奇怪的事情发生了。他为他的行为所做的天真辩解，渐渐被关于人生意义的严肃思考取代，而在这一过程中，他的情绪也变得越来越阴暗。他变得很愤怒，因为从在神学院读书到担任神父，他这一生受过太多不公平的对待。在表达这种愤怒的过程中，他原本轻松的语气，渐渐变得沉重起来。与此同时，他搬进了退休神父养老院，变得越来越孤僻，不肯跟别人交流。他开始追求孤独，拒绝参加养老院组织的各种活动。几年前的那次遭遇在他心中留下的伤痕，渐渐转化成了真正的抑郁。

比尔开始以批评的口气谈论教会的权威阶层，也开始用比较实际的态度看待他父亲。他父亲曾想成为一名神父，但是没能成功。比尔觉得，在某种程度上，他并不是做神父的材料。他之所以决定去做神父，是为了实现父亲的梦想。

比尔并不害怕他的抑郁，也不刻意去压制它。每次来找我，他总是以这样的话开场："没有用的。一切都结束了。我太老了，已经没法追求我真正想要的东西了。我犯过太多的错误，现在后悔也来不及了。我只想待在房间里，静下心来读几本书。"但他还是坚持每周接受治疗，每一次，谈话的中心都是他的抑郁问题。

我所谓的"治疗策略"，只不过是在心灵地图中尽量让比尔用接受和关心的态度看待他的抑郁。我并没有什么巧妙的办法。我没有建议他参加针对抑郁问题的研讨会，也没有试图引导他的内心思路。要跟随心灵，就不能采取这些太激进的方式。我只是努力理解和接纳他的心灵自我表现的方式。他讲话时，我就仔细观察他的神态，留心他的语调，聆听他的话语、他的梦想、他话中所包含的意象。

　　抑郁发作的时候，比尔会说他当初根本就不应该做个神父。但现在，他发现了神父身份背后的阴影。经过这样的反思，他的神父生涯被赋予了新的意义，变成了心灵的一部分。平生第一次，比尔不得不正视自己当初为成为神父而做出的牺牲。这并没有否定他的神父生涯，反而令它更加完整。我发现，即使在他逐条回忆当时的种种牺牲时，即使在他为成为神父而后悔时，他仍然表现出了对教会的忠诚，对神学的兴趣，以及对死亡和来生的关注。可以说，直到现在他才找到了神父生涯的核心意义。过去那个驯顺忍让、不由自主地帮助别人的神父正在死去，取而代之的是一个更有力量、更有个性、更不容易被别人控制的个人。

　　在抑郁状态下，比尔只能意识到，他所熟悉的生活方式正在终结，他长年信守的价值观和理念烟消云散。但是，很显然，抑郁正在扫除他心中的纯真。多数人最大的优点，往往也是他们最大的缺点。过去的比尔像个孩子一样，对一切动植物和人类都怀着深深的关切，正是这种关切让他总是同情别人，总是在无私奉献。然而，这也让他变得无比脆弱，以至于别的神父总是把他当笑料。他对别人的慷慨关怀没有底线，在某种程度上，正是这种慷慨摧毁了他。但是，抑郁让他找到了力量，使他变得坚定而完整。

　　抑郁也让比尔能够辨认生命中的"坏人"。过去他太天真，对接触过的每一个人都全盘肯定。事实上，生活中既没有完全的好人，也没有彻底的坏人。但是在抑郁中，比尔对很多事情都有了更深一层的感悟，正是这样的感悟，让他敢于把对同事们的不满表达出来。有一次，他咬牙切齿地说："我真希望他们年轻时就死掉。"

比尔很真诚地告诉我："我老了。承认事实吧，我已经七十岁了。我还剩下什么？我恨年轻人。那些家伙生病的时候，我觉得很开心。别跟我说，我的生活还有什么意义。我不信这一套。"

比尔对自己老年人的身份非常认同。当他要求我承认事实，不要否定他的年龄时，我怎么能争辩呢？但我相信，他的这番话只是一个借口，好拒绝思考其他的身份定位。奇怪的是，这反而保护了他，让他免受抑郁带来的痛苦。因为他放弃了所有的追求和希望，自然也不用再经历那些想法和感觉带来的痛苦。

有一天他告诉我，他做了一个梦。在梦里，他先走下一段很陡的楼梯，然后又开始走下一段，但是第二段楼梯太窄了，他不愿再走下去。他身后跟着一个女人，她催促着他，而他则极力抗拒。这就是比尔当时心态的写照。他的生命正在走下坡路，但他拼命抵抗，不肯再往下走。

比尔抱怨说"我老了，人生再也没有意义了"，他的话听起来像是对衰老的认可，实际上却是对衰老的抗拒。每次他这样说的时候，我就会想，在修习神学和担任神父的那些年里，他是不是一直没有机会长大。他告诉我，在某种意义上，他一直感觉自己像个孩子，从来不担心生计问题，从来不考虑人生的重大抉择，而是唯上级的安排是从。现在，命运把他推向了动荡不安的生活，要他反思自己的一生。平生第一次，他开始对一切事物都提出质疑，这正是他在以惊人的速度成长。

我对他说："在梦里，你从狭窄的楼梯上向下走，身后还有一个女人在催促你——按照弗洛伊德的解释，这是你在准备出生。"

"我从来没这么想过。"显然，他对此很感兴趣。

"你在忧郁的时候，似乎处于一种叫作'中阴'的心理状态。你知道那是什么意思吗？"

"不知道。"他说，"我从来没听说过。"

"按照《西藏生死书》的说法，'中阴'指的是灵魂转世投胎之前的那段时间。"

"这些天来，我对生活中的事情提不起兴趣。"

"我就是这个意思。"我告诉他，"你不愿意参与生活，因为你正处在两段轮回之间。你的梦或许是一个信号，正在催促你走下产道，投胎来到世上。"

"在梦里，我非常不情愿走下去，而且那女人让我心烦意乱。"

"我们都是这样呀。"

"我还没准备好。"再度开口时，他的话音带着理解和坚决。

"没关系。"我说，"你已经知道了自己在哪里，这就够了。"

比尔站起身，准备回到他的"山洞"——他对自己房间的称呼。"那我就没有什么可做的了，对吗？"他问。

"我觉得应该没有了。"但愿我的话能给他一丝希望。

体验过抑郁的感觉之后，比尔对人生又有了更深入的理解。"我再也不会告诉别人该怎么生活了。"他说，"我只能跟他们探讨他们的奥秘。"正如抑郁中的王尔德一样，比尔开拓了更广阔的视野，对心灵的奥秘有了新的领悟。一般人总以为，神父对人生奥秘的理解要胜过常人，但是比尔的抑郁情绪，可以看成他在神学方面新的一课。

最终，比尔的抑郁逐渐散去，他在另一座城市找了个新工作，既担任神父，也提供心理咨询服务。抑郁让他学到了萨杜恩的真理，这对他的工作也产生了一些影响。他亲身体验过失去安全感和别人的尊重是什么样的滋味，所以，他更能理解人们遭受打击时，心中那份沮丧与失落。现在，他懂得如何帮人们直面自己的人生和情感，而不是像过去那样一味鼓励别人，试图让他们摆脱阴暗的情绪。

虽然跟随心灵并不意味着沉溺在抑郁中，但我们的确需要从中寻找心灵的需求。有些时候，我们还需要更进一步，让抑郁的属性融入生命，使萨杜恩的美学价值——冷漠、孤独、阴暗和空虚——成为日常生活的一部分。为了从抑郁中得到收获，我们或许还需要披上萨杜恩的黑色斗篷，营造出属于他的情绪。我们可以孤身远行，寻找萨杜恩式的感觉。我们也可以在家里划出一小片地方，作为独处沉思的场所。我们当然也可以什么都不做，只是在心中体会抑郁的思绪和情感。这些做法都是对萨杜恩的积极回应，是跟随心灵阴暗面的具体方式。通过这些做法，我们就可以发掘出隐藏在心灵空虚中的奥秘。抑郁是一个天使，可以带我们前往心灵最偏远的角落，让我们窥见最不寻常的风景。

第八章

疾病：身体的诗歌

　　人的身体是想象力的源泉，也是想象力尽情发挥的宝地。身体是心灵最丰富、最生动的表现方式。在心灵地图中，我们的举止、着装、姿态、体型、面貌，体温、皮肤发疹、肌肉痉挛和种种更严重的疾病，都是心灵的外在表达。

　　从土耳其宫廷画到正式的肖像，从鲁本斯的肌肤色调到立体派画家的几何图形，艺术家们尝试过无数种方式，来描述身体的表现能力。与此相反，现代医学专注于疾病的治疗，对身体内在的艺术性没有任何兴趣。医学上的抽象观念，把人的身体解构为各种生理结构和生化反应，让身体的表现性湮没在无穷无尽的图表和数据之中。我们需要凭借想象力，创造一种新的、更具艺术性的医学观念，用于解读疾病的象征意义。同样，当疾病发生时，聆听身体的声音，也是心灵地图的最大用途。

　　我曾与一位营养学家探讨过胆固醇的问题。我个人并不认为，胆固醇真是日常饮食和心脏保健中的关键因素。我把我的观点告诉了营养学家。

　　"可是胆固醇的确是问题的关键。"她说，"特别是有心脏病史的人，必须控制日常饮食中的胆固醇含量。"

　　"我并不否认胆固醇是个问题。我只是怀疑，我们把它看得太重要了。"

　　"且慢，我还没说完呢。阿司匹林能控制胆固醇的负面作用——只要隔天服用一粒。"

　　"那么你是建议我在摄入胆固醇之前服用阿司匹林？"

　　"如果你的血液中胆固醇偏高或者有心脏病史，那你最好接受我的建议。"

　　"为什么？"我问。

　　"这样你才能活得更久。"

　　"所以，抵制胆固醇就等于抵制死亡。"

　　"没错。"

　　"那么，这样做是在拒绝死亡吗？"我的话变得尖锐起来，"我还记得伊里奇说过，他不愿死于任何疾病。他想要死于死亡本身。"

　　"或许是吧。"

　　"那么，有没有可能既承认胆固醇是一个问题，又换一种方式来看待它，而不是与死亡进行斗争？"

　　"我不知道。"她说，"对于某些假设，我们是不会提出质疑的。"

这就是我们的身体面临的问题。我们提出某些假设，但是从来不质疑它们的真实性。如果我们质疑现有观点，或许就能用另一种方式看待胆固醇的问题。

"这个问题是不是跟交通堵塞有关呢？"她的丈夫，一位心理分析学家，这时候开了口，"我们不喜欢堵塞，而是渴望畅通无阻，无论是在路面上，还是在我们自己的动脉血管里。"

我很欣赏他的说法，因为他脱离了化学的现实主义，而是把动脉栓塞的症候当成一种象征，一个从不同的角度看待问题的契机。只有理解了这句话中的隐喻含义，才能参透身体的诗意。

几年前，希尔曼在达拉斯举办过一场关于心脏的讲座。他强调说，现代人惯于把心脏看成一台水泵或是一团肌肉，如此狭隘的视角，或许正是心脏病发病率居高不下的原因。当我们用如此简单机械的态度看待心脏时，就会忽视它的心灵意象——勇气和爱的发源地。我们把心脏当成一种物体，带着它去散步或是锻炼，这时它就失去了隐喻的力量，只剩下基本的生理机能。希尔曼陈述这个观点时，坐在听众席的一位男子忽然站起身来。他穿着运动服，大声抗议说，心脏本来就是一块肌肉，必须经常锻炼，不然就有可能发病。

希尔曼的核心观点是，历代诗人都把心脏作为爱的源泉加以歌颂，而如果我们只把它当作一种生理器官，就会对心脏造成伤害。现代思想对我们的影响如此之深，以至于在这个问题上，我们甚至意识不到自己心存偏见。心脏的确是一台水泵，那是事实。问题在于，我们只看得见表面上的事实，却认为诗意的想象无关紧要。在某种意义上，这样的想法本身就是一种心脏病。我们惯于用头脑思考，忘记了用心去感受。

与希尔曼同为当代心理学大师的萨尔德洛也指出，我们把智慧和力量全部给予了大脑，却把心脏贬为一块普通的肌肉。不过，他说，心脏也有自己的智慧，用不着大脑指挥，它也知道该怎么做。心脏有自己的力量，自己的一套行事原则，这些原则未必与大脑的相符合。大脑对客观事实进行冷静的思考，心脏则以热烈的节奏催发激情。心脏的力量会在充满激情的活动中显现出来，比如愤怒和性爱。

心脏只不过是众多与心灵有关，却被现代人忽视的身体器官之一。古人认为，心灵在脾脏、肝脏、胃、胆囊、肠道、垂体和肺中都有所反应。以"精神分裂症"（schizophrenia）这个词为例，它的构词形式是"split-phrenes"，也就是对"肺"的"割裂"。究竟这只是诗意的表现，还是人的身体的确具有强大的力量，能在诸多器官中为心灵提供居所？希尔曼和萨尔德洛认为，人们的情感和思维意象，很大程度上是各器官运转状况的反映。

症状与疾病

心理分析专家们努力尝试，想找出心理经历和生理疾病之间的联系，但无论心理学界还是医学界，都不太愿意接受他们这种充满诗意的研究结论。早在 15 世纪，费齐诺就提出，玛尔斯能够对肠道造成影响。今天，我们同样认为，结肠疾病与被压抑的愤怒有关联。不过，总的来说，我们对生理症状和特定情感之间的联系，仍然知之甚少。

"症状"（symptom）与"象征"（symbol）的词形相近，意思上也有相通之处。在语源学上，象征是指将两种事物"结合在一起"，而症状则是几种事物"聚合在一起"。我们总以为症状是凭空产生的，很少把症状与象征意义"结合在一起"来看待。科学家们总是喜欢单一的、绝无歧义的解释，对他们来说，一种解读方式就够了。相反，诗人们则喜欢从多种角度解读同一样事物，而不是满足于有限的解释。从医疗科学的角度来看，用诗人的眼光看待疾病是不可取的，因为科学与艺术对事物的解读方式完全不同。所以，若是想从诗人的角度，解读身体通过疾病表达的信息，我们必须给想象力以足够的自由，让它不断去探索更新、更深层次的领域。

近年来，一些人反对用隐喻的方式看待疾病，因为他们不愿把疾病"归罪于"患者自身。他们认为，如果说癌症与患者的生活方式有所关联，就等于是要求患者为他们所无法控制的疾病负责。的确，因为疾病而埋怨患者，只能增加他们的负罪感，绝不会助长他们的想象力。然而，按照萨尔德洛的说法，"治疗的目的是让想象力回归已经物理化的身体。"如果我们怪罪患者，那就等于是寻找替罪羊，因为我们没找到问题的真正原因。当我们不愿仔细检视生活，从错误中汲取教训时，怪罪别人就成了借口，这样我们就不必正视自己的过错。萨尔德洛的建议是，当心脏出现问题，或是癌症让我们整天沉溺在死亡的阴影中时，我们应该聆听这些症状表达的讯息，依此重新安排我们的生活。心灵地图也告诉我们，当疾病产生时，要仔细聆听身体的声音。聆听身体的声音跟把症状归罪于患者，实在有天壤之别。

我最近的一次经历或许可以说明，身体和意象之间确实存在着联系。有一段时间，我的左腰一直痛，医生也检查不出疼痛的原因。几个星期过去了，疼痛并没有恶化，于是医生建议我仔细观察症状，先不要采取强制性的治疗措施。我完全同意他的观点。我决定去找一对从事轻度按摩的夫妻，他们对疼痛与生活的关系有很深刻的了解。

那是我第一次登门求诊，所以他们只问了几个一般性的问题：你平时吃些什么？这段时间里，你的身体状况大体如何？疼痛是否与你生活中的一些事情有关？如果疼痛会说话，可能会说些什么？

治疗一开始，他们就尝试在生活中寻找疼痛的根源，这种态度让我十分欣赏。他们的问题虽然简单，却对我有深远的影响。我开始关注疼痛周围的世界，留心捕捉疼痛传递的信息。

然后我躺在按摩台上，他们两人一边一个，开始轻轻按摩我的身体。我很快就彻底放松下来，意识仿佛飘到了很远的地方。我的五官随时接收着周围的讯号，但注意力却离现实生活无比遥远。

我能感觉到他们的手在我身体上缓缓移动，然后，他们的手指触到了疼痛所在的地方。我本以为自己会从出神状态中惊醒过来，躲避他们的碰触。然而，我的意识仍旧留在那个遥远的地方。

忽然间，好几只身躯庞大、毛色鲜明、样貌威猛的老虎从一个笼子里跳了出来。它们离我那么近，以至于我看不见它们的全身。

女按摩师问我："我碰到你这个地方，你有什么感觉？"

"老虎来了。"我回答。

"跟它们说话。问问它们想告诉你什么。"

我也很想知道，但是很显然，这几只老虎不打算对我说英语。"我觉得它们应该不会说话。"

灯光昏暗的房间，不觉间变成了一小片丛林，我们说话的时候，老虎们一直在林间嬉戏。我并没有试图博取它们的友好，而它们显然也不愿成为宠物。我只是久久地看着它们，它们强健的筋肉和鲜亮的毛皮，都让我感到无比敬畏。等到按摩结束，老虎也消失了。按摩师告诉我，在这间按摩室里，人们眼前经常会出现动物。

离开时我想，我至少得花上几个星期的时间，琢磨这次经历背后的意义。那些老虎身上散发出勇气、力量和自信，而这些气质正是我所需要的——不是它们的意义，而是它们的存在。从那以后，每当疼痛又一次发作时，我都会回想起那几只

老虎，从它们身上获得勇气。我还拿定主意，要像它们一样，
展现出自己最鲜明、最张扬的本色。

用想象力解读身体发出的讯息时，我们不能指望字典式的
标准解释，也不应期待问题得到明确的解决。人们常常觉得，
所谓的象征不过是把两种事物强扯到一起，就像寻常的解梦书
籍把蛇解释为性的符号那样。但在更深的层次上，象征意味着
把两种彼此矛盾的事物结合在一起，而我们就置身于二者之间
的矛盾关系中，观察其中出现的各种意象。

身体所呈现的意象，永远不能用固定的方式加以解读。我
所接受的按摩治疗，目的并不是缓解和消除疼痛，而是激发我
的想象力，让我能够用更加多样化的方式，思考自己的身体与
生活，这就是症状的本质。这也是心灵地图的要求。身体与生
活聚合到一起，仿佛出于偶然，我们应该包容这种偶然。这有
助于我们解读艺术和神话中经常出现的双性人形象，阴阳同体
是为了包容人生的二元性。无论是在文学中还是身体上，诗歌
总是要求我们把看似不相干的东西结合在一起。

这种诗意的结合，需要我们心怀诗意的态度，深入探寻身
体和疼痛的内涵，而不仅仅是在肤浅的层面上进行仓促的解
读。如果我们用敏感的、诗意的态度看待身体呈现的意象，就
可以让直觉保持活跃，而直觉与情感和行为之间有着直接的联
系。更奇妙的是，如果我们这样做，身体的意象就不会遭到破
坏。就像那几只老虎一直留在我的脑海中，给我带来惊奇和感
悟。而如果我试图用简单理性的态度解读它们的意义，恐怕它

们只能离开我，回到属于它们的丛林中去。

贝瑞就身体与意象的关系提出了一个重要的观点。她认为，意象本身具有由想象力构建的形体，这种形体十分微妙，如果我们只习惯思考事实，就很难体会到它的存在。我们总想在真实生活中找到某种论断，好让意象具备牢靠的形体。比如，我们总是认为，梦境是白天发生的事情在脑海中的反映；绘画作品反映了画家的生活经历；我腰部的疼痛是我吃下的某种东西造成的，等等。只有具备了鲜活的想象力，我们才能意识到，这些意象原本就有自己的形体，比如那几只身体壮硕、毛色鲜艳如火的老虎。如果我们能感受到这些形体的存在，就不会用抽象的方式对意象进行解读。

当意象的形体呈现出来时，我们会更容易"沉浸在身体之中"，就像在锻炼、跳舞或接受按摩时一样。这样，我们才能与自己的身体建立更密切的联系。

疾病与身体的乐趣

如果我的结肠会因为焦虑而疼痛，那就说明，这个器官并不仅仅是一块具有生理机能的肉，它与我的意识具有某种联系，而且有它自己的一套表达方式。匈牙利心理学家费伦齐是弗洛伊德最著名的支持者之一，他认为，身体的每一部分都有自己的"器官情欲"。他的意思是说：在心灵地图中，每一个器官都有自己的私生活，甚至还有自己的人格，可以从自己的活动中获得乐趣。疼痛说明我的结肠不高兴，如果我能聆听它的抱怨，或许就能弄清楚，究竟是什么让它感到不自在。

很多人去看医生时，心里都有自己的一份"身体结构图"，能想象自己身体的内部构造，也能想象疾病对它的影响。而作为医生，我们就应该把更多的注意力放在患者对疾病的想象上。

费伦齐所谓的"器官情欲"说明，身体器官并不仅仅具有生理机能，还能从自己的活动中获得乐趣。我们应该担忧的，不是"这个器官工作正常吗？"而是"这个器官感到快乐吗？"费伦齐要求我们改变对身体器官的基本看法，体会从关注生理机能转移到关注器官的乐趣。我们可以对自己的肾脏进行一次采访：你觉得放松吗？今天你高兴吗？如果你觉得难受，是不是我做的什么事情伤害了你？

"疾病"（disease）这个词的本义，是"手肘没放在可以放松的位置"。Ease 这个词根来源于拉丁文中的 ansatus，意思是"有柄"或者"两手叉腰"——一种放松的姿势。"Dis-ease"意味着没有手肘，或者手肘没有活动的空间。Ease 是乐趣的一种形式，而 disease 则是乐趣的丧失。你是否能享受生活的乐趣？如果不能，原因是什么？你是不是在抗拒乐趣，或者不让你的身体享受乐趣？

值得注意的是，每当哲学家在著作中讨论乐趣与心灵的关系时，总要顺便提到克制。比如，伊壁鸠鲁提倡享受人生乐趣，自己却过着简单朴素的生活。费齐诺早年公开支持伊壁鸠鲁的哲学，强调乐趣的重要性，但他自己却是个素食主义者，很少吃东西，从来不出门旅行，把友人和书籍看得比其他一切都重要。他在佛罗伦萨创建的学院，门口飘扬着一面大旗，上面写着"及时行乐"，这四个字是学院的校训。他还在一封信中这样写道："不要让你的思想走在享乐前头，最好还要让它落后一些。"

疾病并不仅仅是生理上的现象，更是身体找不到乐趣的结果，反映了患者自身和周围环境的情况。只有认真清醒地审视心灵地图，我们才能体会到这一点。乐趣并不一定是指感官上的满足，也不一定意味着疯狂追求新的经历、财物或娱乐。真正奉行伊壁鸠鲁哲学的人在追求乐趣的同时，也不会忘记心灵的需求，所以并不会失去节制。如果我们能把费伦齐的器官情欲与伊壁鸠鲁的节制结合在一起，就不会因为耳边充斥的噪音和流行音乐感到烦恼。我们总以为只有有毒的化学物质才会造成污染，殊不知，声音污染同样会侵蚀心灵。气味也有类似的作用。费齐诺认为，大力推广鲜花与香料文化，可以让全世界的心灵得到滋润。

大多数的现代疾病都是身体在麻木的文化氛围中坚守立场的表现。冷冻和粉状的食物，让我们的肠胃失去乐趣。在塑料椅背上靠久了，我们的后颈会感到不舒服。双脚没有多少走动的机会，整日无聊透顶。大脑因为被比作电脑而感到郁闷，心脏更因为被比作水泵而不爽。脾脏没有什么机会执行功能，肝脏也不再是激情的源泉。所有这些高贵的、充满诗意与力量的器官，如今全都沦为单纯的生理机能。

早在 16 世纪，帕拉塞尔苏斯就对医师们提出了这样的忠告：“医师应该重视肉眼看不见的东西。看得见的东西属于他的知识范畴，单凭这些还不足以让他成为医师；只有当他对无名、无影、无形却能产生作用的事物有所了解时，他才有资格成为医师。”

在现代的医疗环境中，要实现帕拉塞尔苏斯的这番话，可谓难上加难。我们学会了使用显微镜和 X 光透视，观察那些“看不见却能产生作用的事物”。“看不见”的概念，已经丧失了原本的象征意义。现代医学靠显微镜揭示疾病的根源，然而，单凭显微镜无法看见心灵的深处。奉行帕拉塞尔苏斯理念的医师，会把与疾病有关的所有看不见的因素——情感、思绪、经历、人际关系、向往、恐惧、欲望等——全部纳入考虑的范畴。

《荷马史诗·伊利亚特》第五卷对受伤的描写，可以带我们深入那个看不见的世界。在激烈的战斗中，连诸神也会受伤。阿弗洛狄忒手上挂彩，赫拉被一支倒钩箭射中胸部，哈德斯也吃了一箭。

神祇的受伤意味着什么？荣格曾说，在我们生病时，诸神会回到我们身上。我更愿意说：当我们受伤时，诸神也会感觉到伤痛。疾病就是这种伤痛的表达。我们努力奋斗，一心追求“成功”，想让生活过得顺顺利利，想找到自己的幸福。然而，我们所做的某些事，会让比“我”深邃得多的某些东西受到伤害。当我们生存的根基受到影响时，疾病就会自深处浮现出来，仿佛具有神性的幽灵一般。

在很大程度上，疾病是一个永恒的概念。无论是基督教的原罪论，还是佛教的四圣谛，都认为人的生命本质是受了伤的，伤痛乃是人生的一部分。我们生而受伤，因为我们参与了人类的生活。有人觉得没有伤痛的人生才是正常的、自然的，那其实是一种错觉。任何以根除伤痛为指导思想的医学理念，都是在回避人生的本质，以及对心灵地图的忽视。

有了这样的认识，我们就可以检视自己的生活，看我们的行为是否违反了人生的基调，是否存在着自我抗拒和自我疏远的问题。这并不是说，我们应该因疾病而产生负罪感，而是我们可以从疾病中寻求指导，让生活更贴近我们的本性。整个社会都可以秉持这种态度。如果吸烟等于自杀，那么，我们吸烟的目的是什么？如果癌症是细胞生长失控的结果，那么我们在经济和科技方面对"增长"的狂热追求，是否冒犯了司掌生长的神祇？若能通过表面上的行为参透诸神的意旨，或许我们就能"治疗"自己的疾病。古希腊人告诉我们，人类的疾病由哪位神祇降下，就要由哪位神祇来治疗。

探索疾病的神话内涵，能够使我们从宗教的角度看待疾病。这并不是用宗教来缓解苦难，而是让宗教从苦难中自然浮现出来。伤痛会让我们想起诸神。**如果我们能借着疾病的契机，思考人类经验的本质，那么，我们的精神力量就会得到加强。若我们能接受原本已经受伤的事实，而不是想尽办法克服伤痛，那么，我们看待生活的态度就会有所转变。一旦意识到**

疾病的奥秘，我们也就担起了命运的责任。

　　既然连诸神都会在生活的战斗中受伤，在我们的疾病里出现，那我们就绝不应该为了避免受伤而躲避生活。我们冒得起战斗的风险。在心理问题上，我们也可以沿着心灵地图找到受伤的那位神祇，恢复内心世界的和谐，而不是一味追求表面症候的缓解。疾病提供了一条道路，让我们能够深入命运与人生的核心，体味其中的宗教含义。

疾病的心灵伴侣

　　在论述古希腊医神阿斯克勒庇俄斯的著作中，凯伦依还原了一件发人深省的古代雕塑作品，一位医师正在治疗一个人肩上的伤口。在背景中有一个亦真亦幻般的形象（十分符合阿斯克勒庇俄斯通过梦境进行治疗的特点）：一条蛇——阿斯克勒庇俄斯的动物形态——正用吻轻触伤者的肩头。古希腊人认为，这样的姿态最容易起到治疗作用。这一意象表明，生理上的医疗手段，在心灵中也有类似的作用。在梦中，治疗作用经常表现为蛇等动物形象，而不是理性的、实际的医疗过程，蛇只消在疼痛的地方咬上一口，就可以通过这瞬间的、有毒的接触，让被咬的人从疾病中康复。

　　在心灵地图中，一切疾病都是立体的，既发生在身体组织的生理层面，也发生在梦境的心灵层面。一切疾病都有自己的含义，尽管这种含义有时并不能用理性的方式加以解读。治疗的关键不是寻找疾病的成因，而在于理解疾病传递的讯息，重新安排我们的生活。用非常现实的话来说，就是我们并没有治疗疾病，而是疾病治疗了我们，让我们恢复生活中的宗教成分。心灵地图告诉我们，诸神之所以在我们的疾病中现身，是因为我们的生活方式太过世俗，需要诸神的造访。

　　一位性情敏感、受过专业医学训练的女士，曾向我描述过她的一个梦。在梦里，她与两个穿白大褂的医生一起躺在床上，谈论一种所有人都即将患上的退行性疾病。在疾病的早期，患者会丧失听力，这让其中一位医生很感兴趣。他说，这是一个机会，可以体验耳聋的感觉。那位女士则很担忧，因为，如果所有人都聋了，就没有人能照顾患者了。然后场景发生了转变，她走进了第三位医生的办公室。她看见他桌上有一个女性瓷像，于是把瓷像拿起来抱在胸前。这时她发现，办公室里到处都是艺术品。其中有一个象牙金发女子雕像，吸引了她的注意。她举起怀里的瓷像，发现瓷像的一条胳膊从肩膀处断掉了，这让她很难过。

　　这个梦从几方面表现了"受伤的医者"这个古老的主题。医生们与患者躺在同一张床上。所有的人，包括医生，都会患上同一种疾病。其中一位医生甚至很想体验疾病的感觉。梦中的患者——那位女士——并不晓得疾病无法避免的道理。如果所有人都患了病，那问题该怎么解决？然而医生们并不为此而忧心。对于所有人都会患病的事实，他们似乎完全能够理解和接受。

　　这个梦还说明，治疗疾病的人必须"与疾病同床共枕"。

在这里，医生们并没有远离患者和他们的疾病，也没有把疾病作为一种身外之物来看待。他们并不是在治疗它，而是在亲近它，甚至愿意亲身感受它。身为心理治疗师，如果我对患者的心理问题保持防御性的态度，那就等于在他们忍受疾病的痛苦时袖手旁观。要进行真正的治疗，医生或许需要付出更多，甚至必须跟疾病亲密接触，因为医生也是为疾病所影响的人类社会的一分子。有多少人在谈论酗酒人和吸毒者时，心里并没有把他们当成社会的一部分，好像他们的问题跟我们一点关系都没有。

幸运的是，那位女士遇到的第三位医生，是一个帕拉塞尔苏斯和费齐诺式的人物。他的办公室里摆满了艺术品。很显然，他知道医学既是一门科学，更是一种艺术。这让我想起了弗洛伊德的办公室，他所收藏的古代艺术珍品都摆放在那里。许多民族的传统医学理论都证明，意象具有治疗疾病的效果。那位女士所需要的，是她的疾病得到治疗的意象，正如我们身处不幸中时，总喜欢听别人如何战胜不幸的故事一样。但她不应该试图将这些意象占为己有，那样就会损坏它们。只有诗歌才能拉近我们与诸神的距离，如果疾病是诸神的面具，那么我们的医学就必须具备艺术的意象。

诺瓦利斯曾说："所有的疾病都是音乐问题，需要以音乐的手法来解决。解决的速度越快、程度越彻底，就越能显示医生的音乐才能。"我在本书中提到的许多哲人医者，例如英国的佛洛德和意大利的费齐诺，同时也都是音乐家，他们对身体和心灵的节奏、音调、和声与不和谐的音符充满了兴趣。他们认为，医生在治疗任何疾病时，都需要聆听患者身体的乐章。疾病的节拍是什么样的？它的旋律与生命中的哪些元素相合？那些不和谐的音符——疼痛与不适，究竟具有什么样的性质？

帕拉塞尔苏斯则说："医学是疾病的妻子，必须与疾病和谐一致，共同结成美满的婚姻。"在那位女士的梦里，医生与患者同床共枕，这正是帕拉塞尔苏斯观点的体现。治疗手段只有与疾病结成婚姻，才能达成最终的圆满。换句话说，疾病的"妻子"——它的意象、故事、梦境与"魂"，乃是医学。

那么，如此隐晦的意象，对当代医学究竟会有什么帮助呢？如果能用帕拉塞尔苏斯的态度看待医学，我们就会更加重视与疾病和身体有关的经历，譬如病中的梦境内容。作为医生，我们可以给想象力以一定的发挥空间，让治疗方法变得不那么绝对化。而作为患者，我们也可以用积极的态度，与疾病同床共枕，而不是把一切都交给医生处理。与疾病共情，这也是心灵地图的基本要求。

如果我们沿着心灵地图检视我们的疾病，发掘其中的意象内涵，那么，我们的生活方式也会受到影响。我们可以按照疾病的意象调整自己的生活，让疾病成为积极的推动力。例如，萨尔德洛对癌症的意象进行了研究，发现其中蕴涵着这样的讯息：在我们的社会里，很多事物都失去了形体，因而也丧失了独特的个性。为了改变这种情况，我们可以减少塑料制品的生产，更多地使用制作精良、充满想象力的产品，如果我们继续

大规模生产毫无个性的产品，把速度和效率当作生活质量降低
的借口，那么癌症问题就永远无法彻底解决。按照萨尔德洛对
疾病的描述，我们的身体反映了周围世界的健康状况，如果整
个世界受到了伤害，我们必然会患上疾病。人的身体与世界的
形体之间，并没有任何本质上的区别。

身体与心灵

15 世纪佛罗伦萨人对人体的认识，与现代人完全不同。今
天我们认为，人的身体是一具高效率的机器，必须时常维护，
让各部分器官尽可能长时间正常运转。如果身体的某一部分出
了故障，我们可以用机械部件来替换。这就是现代人心目中的
人体——一具机器。

而在佛罗伦萨人眼里，人的身体是心灵的外在体现。用机
械论的态度看待人体，在他们看来是一件邪恶的事情，因为那
会斩断身体与心灵之间的联系，让身体变成一具没有意义、没
有诗意的躯壳。只有具备了心灵，人的身体才能从世界的形体
中汲取生命能量，正如费齐诺所说的："世界是有生命、会呼吸
的，我们可以把它的精神导入我们体内。"我们对世界的形体
所做的一切，都会在我们自己的身体上体现出来。我们不是世
界的主人，而是生活的参与者。

认识到了身体与心灵之间的联系，我们就可以体会身体表
现出来的诗意之美。我们习惯于把身体视为一具机器，把肌肉

与器官当作滑轮和引擎，这样一来，身体的诗意之美就无从表现，只有在生病时我们才能一窥它的神采。幸运的是，我们的社会中还有一些领域，保留了与身体有关的想象力。例如，时装让人们对身体浮想联翩，尽管现代男装在色彩和样式上远不如过去丰富。而女性可以使用化妆品和香水，也是培植心灵的一个重要途径。

　　进行体育锻炼时，想象力对心灵同样有所裨益。通常，健身教练会告诉我们，应该花多少时间练习项目，应该达到什么样的心率水平，应该着重训练哪些肌肉群，等等。500 年前，费齐诺对锻炼活动提出的见解，则与此大大不同：“尽可能找机会在气味芬芳的植物间散步，最好每天能花大量时间从事这种活动。”他强调的是锻炼时的外部环境和感官刺激。在过去，锻炼的重点在于体验世界：在散步的过程中感觉周围的世界，让心灵在这一过程中得到抚慰。美国作家爱默生十分喜爱散步，足迹遍及新英格兰。他在小品文《论自然》中写道：“在田野与森林中散步的最大乐趣，在于人与植物之间的玄秘关系。我不是孤身一人，无人理睬。植物向我颔首，我也向它们点头。”进行爱默生式的散步时，我们可以通过心灵地图，体察我们的人格与大自然的形体之间的亲密关系。

　　如果我们能超越机械论的观点，用新的态度看待身体与世界的形体之间的关系，就可以用不拘一格的方式进行锻炼。我们不仅可以锻炼肌肉，也能锻炼鼻子、耳朵和皮肤。我们可以聆听风吹过树丛的声音、教堂的钟声、火车在远处行进的声音、蟋蟀的鸣叫和大自然的万籁俱寂，从中找寻音乐的旋律。
我们可以训练我们的眼睛，带着同情与赞赏观看世间万物。心
灵经常在细节中显露出来。锻炼过程中的心灵成分，可以加深
我们与世界之间的感情关系。哲学家梭罗在瓦尔登湖畔隐居，
以此来锻炼身体与心灵。他在《瓦尔登湖》中写道："我觉得有
猫头鹰是可喜的。让它们为人类作白痴似的狂人号叫。这种声
音最适宜于白昼都照耀不到的沼泽与阴沉沉的森林，使人想起
人类还没有发现的一个广大而未开化的天性。"单以增强肌肉
和减肥为目的的锻炼，绝对称不上完整。如果听不见梭罗的猫
头鹰叫，无法对爱默生的麦浪招手，那完美的身材又有什么意
义？身体因心灵而健康，因为它与大自然息息相通。

　　对于心灵来说，内心中的意象与大自然和文化意象同样重
要。以心灵为核心的瑜伽练习，可以让人们在调理呼吸、完成
动作的同时，把注意力集中在内心的情感、意象和记忆上。进
行瑜伽练习时，我们经常抱有完美主义的幻想，努力追求自我
超越，希望身体能够通过练习达到我们心目中的理想状态，或
是获得生理与心理上的强大力量。但心灵并不需要自我超越。
**我们真正应该追求的，乃是拉近意识与心灵，我们自己与他
人，我们的身体与世界的形体之间的距离。**所有练习的目的，
都是激发我们的想象力，而不是让我们在某些方面有所提高。

　　我们用绘画和摄影艺术表现我们的身体，用化妆品、珠
宝、服装、文身、戒指和手表装饰它。身体是想象力的乐园，
而想象力则是心灵的精髓。仔细端详与身体有关的艺术作品，

体味其中的表现力，或许比服用维生素或是体育锻炼更加有益健康。没有了想象力，身体也就离疾病不远了。生病时，我们也可以把身体的痛苦，视为想象力崩溃的结果。

对于心灵的病症，医院往往不知道如何应付。不过，要改变这一点并不难，因为心灵并不需要昂贵的高科技仪器和受过严格训练的专家。就在不久前，一家医院的主管打算改进医院的运作模式，想听听我的意见。我提了几条简单易行的建议。他们原本计划每天让患者阅读自己的诊疗记录，同时发给他们一些小册子，从化学和生物学的角度描述他们的病情。我认为，与其让患者阅读那些表单，不如鼓励他们记录自己在住院期间的印象和感受，以及每天做梦的内容。我也建议医院设立一间美术室，让患者可以通过绘画、雕塑甚至舞蹈，把他们接受治疗期间的幻想表现出来。那是真正的艺术，而不是通常意义上的艺术疗法。此外，我还建议医院安排时间地点，让患者讲述他们生病和住院的故事。倾听他们的最好不是医疗专家，而是真正长于讲故事的人，或是懂得尊重心灵所传达的讯息的人。

"医院"（hospital）一词来源于"hospis"和"pito"这两个词根，前者同时含有"陌生人"与"主人"的意思，后者则是指"主宰"或"有力量的人"。医院是陌生人可以休息、可以获得保护和照顾的地方。疾病或许就是那个陌生人，而医院则是一种象征，反映了我们作为主人收容陌生人（疾病）的能力。拉丁文的 hospis 词根也有"敌对"的意思，这是疾病的阴影层面。疾病是我们的敌人，但它也是一个陌生人，需要一个可以歇脚、可以被照顾的地方。

20 世纪的思想家布朗在涉及心灵的著作《爱的身体》中写道："身体永远都在无声地说话。"身为疾病的收容者和身体的照料者，我们必须聆听身体无声的话语。显然，能够如此聆听的，并不是我们的耳朵，也不是医疗用的听诊器或者 CAT 扫描仪，而是诗人的耳朵，它比任何精密仪器都要敏锐。任何用想象力观察世界的人，都称得上诗人。爱默生说，只有诗人才能真正理解天文学、化学和其他科学中的各种现象，"因为他把这些现象当成征兆"。

我们可以把身体视为种种现象的集合，但加上心灵的成分，它就变成了征兆的源泉。用想象力滋润身体，满足它在生理和心理上的需求，是心灵地图的重要内容。但在只讲"现象"的今天，要做到这一点并不容易。要到哪一天，帕拉塞尔苏斯、费齐诺和爱默生的著作，才会出现在医学院学生的必读书目上呢？要到哪一天，医学界才会以严肃认真的态度，仔细研究艺术作品中表现的人体呢？要到哪一天，医生才会把患者的过往经历、梦境与幻想，当成诊治疾病的重要依据呢？

那一天会到来的，因为它以前也曾到来过。文艺复兴时期，费齐诺用琵琶把患者症状的乐音弹奏出来。原本学医的济慈改当诗人，而身为哲学家的爱默生，则从医学的角度探索疾病的奥秘。如今，在某些圈子里，科技主导的机械论对现代人意识的控制，已经开始松动。或许我们还有机会，让身体从"行尸走肉"的状态里解脱出来，重新与心灵融为一体。

第九章
心灵与金钱

要跟随心灵，就要注意到生活的每一个层面，对寻常的事物予以精心关照，让心灵在这一过程中得到滋养。通常，心理治疗的重点在于治疗突发性的危机和长期性的问题。我从没听说过有人找心理治疗师谈论园艺，探讨正在兴建的一栋房子与心灵的关系，或是咨询如何为新职务做好心理准备。然而，这些看似寻常的小事，全都关系到心灵的整体状况。我们必须有意识地照料我们的心灵，而不是听之任之，否则某些长期被我们忽略的因素，就有可能造成严重的后果。

从心灵的角度来看，我们最容易忽略的层面，就是工作和日常的工作场所——无论是办公室、工厂、商店、工作室还是自己的家。多年的心理治疗经验让我发现，工作环境对心灵的影响，跟婚姻和家庭的影响同样重要。我们很容易满足于解决工作中遇到的问题，但不会思考其中的深层内涵。事实上，这些问题之所以会出现，往往是因为我们的工作场所只讲求功能和效率，忽视了心灵的需求。若能提高对工作内涵——形式、工具、时机与环境的认识，我们的心灵就会获得极大的益处。

几年前，我举办过一次讲座，主题是中世纪欧洲盛行的一个观念：世界是一本等待我们阅读的书。当时的僧侣用"世界之书"这样的说法，来描述精神层面上的认知水平。一位家庭主妇听完讲座后，打电话邀我去她家里，用中世纪的方式解读她家的房子。我从没这样做过，但从事心理治疗工作这么多年，我一直在解读患者的梦境和绘画作品，因此对她的提议深感兴趣。

我们一起走过她家的每一个房间，一边仔细观察，一边悄声讨论我们的印象。这样的"解读"并不是分析或者诠释，更像是"让房子在梦中前进"，这是套用了荣格的说法——"让梦境在梦中前进"。我的目的是体会这幢房子的诗意和语法，理解它的建筑格局、色调、家具、装修和保养状态中蕴涵的含义。那位妇女很热爱她的家，她想让家务活动在生活中占据更高的地位。

出现在我们眼前的意象，有些纯粹是私人化的。她给我讲她过去的婚姻、孩子们、访客，还有她自己童年的故事。另一些意象则与房屋的格局和历史背景有关，有的还涉及住处与庇护所的哲学问题。

给我印象最深的是那间铺着光滑的瓷砖、色调清淡、一尘不染的浴室。浴室充满了心理含义——身体的排泄物、清洗过程、隐私、化妆品、服装、裸体、通往地下的管道、流水，等等。浴室是梦中经常出现的场景，这体现了它对想象力的吸引。在我看来，那间浴室的不同寻常之处，就在于它实在是太干净、太整洁了。我们事先说好，要用坦诚的态度解读她的房子，所以我就问她，让浴室保持洁净无瑕，她究竟投入了多少心血。

解读那位妇女的房子时，我并不想打探她的底细，也不愿故意挑毛病，或是建议她改变生活方式。我只是跟她一起，仔细观察房子的里里外外，希望能在日常生活的寻常环境中窥见心灵的迹象。走遍所有的房间后，我们两人都觉得，我们跟房子本身和屋里的所有东西之间，产生了一种非同寻常的关系。我心里浮现出一个愿望，想好好解读一下自己的家，仔细思考日常生活中蕴涵的诗意。

无论我们在"外面"有没有职务，家都是我们日常的工作场所。解读自己家的时候，总有那么一刻，我们会发现自己站在一堆家什前：吸尘器、扫帚、拖布、肥皂、海绵、洗碗盆、锤子、螺丝刀，等等。这些都是非常简单的物件，但正是它们的存在，让我们有了家的感觉。当代占星家兼心理治疗师劳尔，曾就家务活动中的心灵成分进行分析。她把家务活动称为"沉思的一种方式"。她说，如果我们看不起煮饭、洗衣等寻常的家务活动，那么我们就会失去对周围世界的感情。她还说，日常的家务活动与我们对自然环境承担的责任之间，有着密切的联系。

也可以这样说：**家中是有神祇的，而我们日常的家务活**

动，就是对这些护佑我们的"家神"表达敬意。对于他们来说，刷地板用的刷子乃是一件神器，我们若能细心使用这件家什，就可以让心灵得到滋养。如此看来，清理浴室也是一种心理疗法，因为现实中的浴室与我们心灵中的某个空间有所关联。我们梦中的浴室，既是家里的一所房间，也是心灵中某一片空间的诗意表达。

我并不想故作姿态，夸大生活中的简单事物蕴涵的意义，但我们的确应该认真细心地对待家务工作，因为这样对心灵极有好处。我们都知道，在某种程度上，工作能够影响我们的性格和总体生活质量；可是，我们经常会忽略家务活动在这方面的意义。如果把家务工作推给别人，或是做家务的时候漫不经心，我们就有可能损失某种无可替代的东西，这种损失终将让我们感到孤独彷徨、痛苦不堪。家务中也蕴含了心灵地图成分。

解读房子的方式，也可以用来解读我们的工作场所：检视工作的环境，仔细观察所用的工具，思考我们度过工作时间的方式以及工作时的感觉和情绪。度过工作时间的方式——我们看得到的景象、坐的椅子和工作的具体内容，不仅能影响工作效率，也能改变我们的自我意识，以及想象力的发展方向。有些企业为了掩饰那种漠视心灵的工作理念，刻意在办公室里装设假墙、摆放塑料盆景，悬挂伪造的艺术品。如果这就是我们对工作场所进行的全部"美化"，那么，我们工作中的心灵成分的地位，也就可想而知了。心灵是不能伪造的，否则必然会导致严重的后果。诗人马维尔在著名诗作《花园》中，提到了"绿阴里绿色的思绪"。如果我们周围只有塑料假盆景，那我们的思绪也只能跟塑料一样。

工作与大业

许多宗教都认为工作是神圣的，是神庙中应有的活动，而不是"神庙门前的"，也就是"亵渎性的"活动。例如，在基督教修道院和佛教寺院里，工作是僧侣每日功课的一部分，正如祈祷、冥想和礼拜一样。我在一家修会担任见习修士时，就学到了这一点。所谓的见习修士，就是初入教门、还处于摸索状态的修士，需要学习的东西很多，包括祈祷、冥想、修习，还有工作。至今我还记得，有一天我被派去修剪苹果树，那是威斯康星州一个寒冷的冬日，我骑在一条横伸出来的树干上，用锯子把向上生长的细枝一根根锯下来。工作了一会儿，我决定休息片刻，心里默念着树干千万不要突然断掉。我问自己："我为什么要干这个？我应该学习的是祈祷、冥想、拉丁文和格利高里圣歌呀。可现在我却在这儿，在摇摇晃晃的树顶上，两只手都被冻僵了，指头被锯齿划得鲜血淋漓，而我根本不知道自己在干什么。"后来我才明白，工作是宗教精神生活的重要组成部分。在一些修道院里，僧侣们穿着带兜帽的长袍，一言不发，排成一队去往工作地点。许多宗教作家把这样的工作形容为通往圣域之路。

宗教常常提醒我们，日常生活中的任何东西都有更深层的意义。现代人把工作视为一种纯粹世俗的活动，然而事实并非如此。无论我们是认真努力，还是漫不经心，工作都会对心灵产生深远的影响。它能激发我们的想象力，引发心灵在诸多方面的反应。例如，它能勾起我们的回忆，让我们产生某些特定的幻想，而回忆与幻想的内容，很可能与我们的家庭背景、文化传统和理想追求紧密相连。它还可以成为一个契机，让我们得以解决某些与工作本身没有直接联系的问题。同时，它也代表了命运的安排：有些人继承世代相传的家业，有些人则是因为机缘巧合才干上了某一行当。从这个角度看来，任何工作都可以视为天意的感召，超乎人类的意图与理解范围。

语源学研究的是日常语言中蕴涵的深层意象和神话含义，它可以帮助我们理解工作的本质。

有时我们会把工作称为"职业"，这个词的原意是"被抓住、被占有"。与其说我们选择从事某一样工作，不如说是工作选择了我们。很多人之所以从事目前的"职业"，乃是命运使然，并非单纯的机缘巧合。是工作抓住了他们，占有了他们的生活。工作是天意的感召，而命运让我们回应这种感召。工作也爱着我们，它能激励我们、安慰我们、让我们感到充实，就像我们的爱人一样。心灵与情爱是不可分割的，没有任何情爱色彩的工作，必然不具备任何心灵成分。

在教堂中进行的各种仪式，例如洗礼和圣餐仪式，统称为"礼拜"。这个词发源于古希腊文中的 laos 和 ergos 两个词根，二者合在一起的意思是"平凡人的工作"或者"俗人的劳作"。教堂中的宗教仪式是一种工作——心灵的工作，而仪式的过程乃是缔造心灵的过程。不过，这样的工作并不需要同"尘世的"工作区别开来。教堂和寺院里举行的仪式，是尘世生活的一个范本，宗教活动反映了世俗活动的内在本质。在更深的层次上，所有的工作都属于礼拜的范畴，即使是最普通、最平凡的活动，也能对心灵产生影响，都是心灵地图的一部分。可以说，一切工作都是神圣的，哪怕是修路、理发甚至倒垃圾。

　　为了在神圣的宗教仪式和世俗的日常活动之间架起一道桥梁，我们不妨把日常活动仪式化。当然，我们用不着给日常工作披上一层宗教的外衣，以彰显其神圣。严肃的仪式不过是为了提醒我们，日常工作原本就具有仪式性。所以，我们应该像教堂的圣器监护者一样，抱着虔诚的态度，为我们的工作选购质量出众、制作精良、外观宜人、操作灵便的工具，以及不会对环境造成污染的清洁剂。一块特别的桌布，可以让一顿晚餐变成一场仪式；一张用特殊木料精心制作的桌子，则可以把办公室变成想象力的竞技场。许多工作场所的布置都缺乏想象力，人们只能在充满世俗气氛的环境下，进行无益于心灵的工作。

　　很多人以为，他们的工作完全是世俗的、功能性的，事实上，即使像木匠、文书和园丁这样平凡的工作，也具有丰富的心灵内涵。在中世纪，这三个行业都有各自的守护神——农神萨杜恩、神使墨丘利和爱神维纳斯，这表明，从事这些行业的人们，可以在日常工作中接触到心灵的内涵。古人告诉我们，每一个平凡的行业都有自己的守护神，而我们从事的日常工作，就是对那位神祇的膜拜。

神话也可以为我们提供一些启示，帮助我们理解工作的深层含义。希腊神话中的名匠代达罗斯善于制作玩偶，孩子们拿着他做的玩偶玩的时候，这些玩偶就会活过来。匠神赫菲斯托斯是最伟大的神祇之一，他为诸神制作家具、珠宝，以及其他种种物件。当我们的孩子把玩具想象成活的东西，兴高采烈地玩耍时，代达罗斯的神话就获得了生命。今天的玩具制造者如果能深入探索他们工作的意义，理解他们的产品所具有的神奇本质，就可以继承代达罗斯的衣钵，依照心灵地图的指示，让孩子们的心灵得到关怀。同样的原则，适用于一切行业、一切性质的工作。

如果我们抱着实用主义的态度看待工作，只关心它的功能，工作中的心灵成分就会逐渐荒芜。生活失去艺术性，心灵也因此变得虚弱。在我看来，现代工业生产的问题并不在于效率的缺乏，而是心灵的沦丧。

因为缺乏对心灵的了解，很多公司找不到适合自己的经营策略，只能模仿别家的做法。然而，方法并不是一切。其他公司之所以会成功，也许是因为他们懂得满足心灵的需求。光是从表面上抄袭别人的经营策略，有时候远远不够，我们必须认识到工作的感性价值。

要让工作更富于想象力，我们也可以参考荣格对炼金术的研究。炼金术就是把原材料放在容器中加热，一边仔细观察，一边根据观察结果进行各种操作的过程。最终得到的产物，在想象中可以是黄金，可以是传说中的"哲人之石"，也可以是某种灵药仙丹。荣格认为，炼金术是一种精神活动，其目的主要是有益于心灵。炼金术对化学物质、加热和蒸馏操作的运用，是一项富有诗意的工程，各种物质在颜色和其他属性方面发生的变化，反映了类似的心灵内在变化。占星术将一整套符号系统建立在天体系统之上，炼金术则在化学物质的性质和相互反应中寻求灵感与诗意。

像这样用自然界中的物质与反应，表现心灵变化过程的活动，被炼金术士们称为"大业"，意思其实就是"工作"。我们可以用同样的态度看待我们的日常工作：原材料乃是工作的内容，而影响心灵的则是工作的过程。按照新柏拉图主义的观点，凡俗生活是追求更高精神层次的必由之路。换句话说，当我们努力进行世俗的工作时，其实我们也在进行心灵层面的活动。或许是在不知不觉之间，我们的心灵就受到了影响。

为了更好地理解日常工作的意义，我们不妨仔细探讨"大业"的概念。在著作《心理学与炼金术》中，荣格将"大业"定义为"与想象力有关的工作"。他引述了一段古老的炼金术笔记，其中描述了制取哲人之石的过程：要想获得成功，炼金术士必须以真实的而非虚幻的想象力作为引导。荣格对这句话的解释是：想象力是"一种真实的思想方式，绝不会平白无故构建出虚幻的念头；也就是说，它并不是浅尝辄止的，而是试图捕捉对象的本质，用与内容相符合的意象表现出来。这样的活动就是大业，也就是工作"。

深层次的想象，不同于理性的抽象思维，也不同于纯粹的、了无根基的幻想。工作所激发出来的想象力，越符合我们身份与命运的意象，对心灵的影响也就越大。工作是一种尝试，能唤醒我们最深处的本性。大部分人把相当多的时间投入工作中，这不仅是为了谋生，更因为工作是心灵大业的核心内容，而生命的全部意义就在于心灵的形成。工作是我们雕琢自己个性的过程——用荣格的话来说，就是"个体化"的过程。

用更简单的话来说，只要工作的内容符合我们的真实本性，这样的工作就称得上大业。谈妥一桩商务交易，你会感到心情愉快；终于做好了一张樱桃木餐桌，或是缝好了一床被子之后，你会退后一步，带着自豪的心情欣赏自己的作品。如果你能体会到这样的感觉，就说明你的工作具有大业的性质。然而，如果我们所做的事情、所创造的东西不符合我们心中的标准，不能让我们为之自豪，那么我们的心灵就会受到损害，心灵地图就很容易出问题。

一旦工作无法让我们感到真心高兴，心灵的自豪感——创造性的先决条件之一——就会转化为自恋。自豪与自恋非但不是一回事，甚至可以说是相反的。像纳西索斯一样，我们需要在自我以外的某种意象上，找到感情的寄托。工作就像是纳西索斯投在潭水中的倒影，可以提供一个契机，让我们建立起真正的自爱。但如果我们的工作不值得去爱，那我们就会陷进自恋的泥淖，眼中除了自我一无他物。

当我们无法透过外在的事物爱自己时，工作就会带上自恋的性质。这是纳西索斯神话的深层含义之一：要让生命开花，就需要在周围的世界中找到自己的倒影，而工作为我们提供了这样的机会。用新柏拉图主义者的话来说，当纳西索斯意识到他的一部分心灵存在于自我之外、周围世界之中，而他的本性离了这部分心灵就称不上完整时，他也就找到了爱。如此看来，纳西索斯的神话意味着，只有当我们找到了自己的倒影，认识了存在于周围世界中的那一部分心灵，我们的生命之花才能绽放。所以，寻找合适的工作，等于是在周围世界中寻找我们自己的心灵。

在著作《心理学与宗教：西方与东方》里，荣格从炼金术中推导出了这样的结论："心灵绝大部分处于身体之外。"这的确是一个非同寻常的观点。几乎所有的现代人都认为心灵存在于大脑中，而且与思想一样，完全是主观的。但如果我们改变看法，接受"心灵存在于外部世界中"的观念，那么工作的确就成了生活的重中之重——不仅是维持生计的基础，也是跟随心灵的途径。

起先我们已经讨论过，自恋的症候是纳西索斯神话没有得到实现的结果。如果我们的工作无法起到潭水的作用，映出我们的倒影，那么它就会带上自恋的色彩。当工作无法反映我们的本性时，我们就只会在乎它究竟能不能为我们赢得"脸面"。为了缓解自恋带来的痛苦，我们努力追求"成功"，反而越发忽视工作中的心灵成分。我们为了金钱、名誉和所谓的"成功"而辛苦工作，却永远无法得到真正的满足。

追名逐利很容易导致心灵的沦丧，这再明显不过了。要避免这种情况，在选择职业时，我们必须仔细考虑心灵地图的诉求。只有顺应心灵地图，才可能找到一份真正适合自己的工作。接受一份工作之前，我们不妨先问问未来的老板：工作场所的气氛是什么样的？我在那里能得到人性化的待遇吗？那里的人际关系如何？人们喜欢他们的工作吗？工作的内容和结果能对得起我投入的时间和精力吗？工作本身或者工作环境是否存在道德问题——对人们的健康或者自然环境造成伤害，不择手段追求利润，或是助长种族和性别歧视？任何超越道德底线的情况，都是与跟随心灵相矛盾的。

纳西索斯与工作之间还有更深一层的联系，因为我们对工作的爱，最终会转变为对自己的爱。对工作的兴趣、欲望、好奇、投入、激情和忠心，都是这种爱的表现。曾有一位在汽车装配厂工作的男士来找我，要求接受心理治疗。他工作的团队负责为车身喷漆，而他负责故障检修，清理堵塞的管道，调配漆液的化学成分。虽然他做得非常好，但他始终觉得这份工作是一个牢笼，限制了他的自由。他想知道，是不是童年时发生的什么事情，让他有这样的感觉。

他讲述的时候，我注意到，他的烦恼主要是因工作本身而起。于是，我们开始详细讨论他的工作情况。他向我描述了若干梦境，其中有几个就发生在车间的场景里，然后我们花了很多时间探讨他对工作的印象，包括童年对未来工作的幻想、他从事过的许多工作、他的教育和培训背景、他当前的工作习惯，等等。在这一过程中，我没有提出任何解决方案，也没有建议他找个更好的工作。我关心的是他的工作对心灵的影响，以及心灵对工作的态度。最终，经过反复思考，他决定做出改变。有一天，他鼓起全部的勇气，找了个销售员的职位，因为他觉得这更适合他。很快，他的许多"心理问题"都消失了。"我喜欢我现在的工作。"他告诉我，"我并不害怕因为犯错而受批评，而且我很喜欢上班。原来那份工作不适合我。"在喷漆车间里负责故障检修，这样的任务不适合他。所以，在找到适合的新工作之前，他的心灵只能承受痛苦。

他说"那份工作不适合我"，也就是说那份工作跟他的心灵之间没有联系，或者用炼金术的语言来说，不符合"大业"的条件。而新工作之所以让他感到轻松满足，是因为工作性质与他的心灵相合。符合心灵地图的诉求，工作就不再仅仅是"自我"的俗务了，而是具备了激情、动力与美感。

文艺复兴早期的意大利画家瓦萨里，在《名人传》中讲述了一个关于雕塑家布鲁涅莱斯基的故事。布鲁涅莱斯基与多纳泰罗等艺术家在佛罗伦萨聚会时，多纳泰罗提起他在科尔多纳镇上看见的一具精美的大理石棺。科尔多纳离佛罗伦萨的距离不算近。但"布鲁涅莱斯基听了他的话，心中涌起迫不及待的愿望，想要一睹石棺的样貌"。瓦萨里写道："所以，他连衣服鞋子都没换，直接出发去了科尔多纳，仔细检查了那具石棺，还为它画下了素描。他把素描带回佛罗伦萨时，人们还不知道他出发的事。"音乐家巴赫也曾为学习演奏而跋涉过漫长的路程，还曾连续熬夜抄写大师的曲谱。

艺术家克尽艰难追求理想的故事，可以算是一种神话，显示了与心灵相合的工作所能达到的境界。有时我们自己也能找到类似的感觉，比如，在花了一个上午搞定一项任务之后，心中可能会涌起深深的成就感。或者，我们也能像那位工人一样，从职位的变动中得到满足。如果我们给心灵以应有的重视，那么，求职和招聘的过程必然会发生重大改变。招聘方将不再把应聘者的才能资历作为唯一考虑，而是更加关心工作内容能否成为应聘者的"大业"。双方讨论的内容也将涉及深层次的问题，而不是聚焦于肤浅的层面。

金　钱

金钱与工作的关系十分密切。如果把对金钱利益的追求从工作本身的价值中抽离出来，那么金钱就有可能成为自恋的焦点，或者说，金钱带来的乐趣可能会取代工作本身的乐趣。不过，没有人不需要钱，而且在不伤害心灵的前提下，金钱可以成为工作不可分割的一部分。关键是我们的态度如何。在绝大多数工作中，对周围世界的关心（生态）与对我们生活质量的关心（经济）之间，都有着密切的联系。

"生态"（ecology）和"经济"（economy）两个词都发源于

希腊语词根 oikos，它在广义上有"家园"的意思。ecology 的词尾源自 logos（天道），关系到我们对地球这个"大家"的了解；economy 的词尾则源自 nomos（律法），关系到我们在自己的"小家"中生活、与家人共处的方式。金钱只不过是我们与自然和社会维持关系的一种形式。我们因工作而获得报酬，然后再用赚来的钱购买我们需要的产品和服务。我们向政府缴税，政府则负责满足社区的基本需求。Nomos 的含义是"律法"，也就是人类社会制定的规则，与"自然规律"并不相同。在我们的社区生活中，金钱通常扮演着核心的角色。

　　然而，"社区"并不是全然理性的社会结构。每一个社区都有自己的复杂个性，有自己的历史和价值观。它具有心灵，所以也有阴影。金钱并不仅仅是一种理性的交换物，它也包含了社区生活的心灵成分。它具有心灵的一切复杂因素，而且像性爱和疾病一样，也不是我们所能控制的。它可以给我们带来强烈的欲望、渴求、羡慕和贪婪。一些人把对金钱的追求作为生活的核心，另一些人则努力回避金钱的诱惑，甚至选择苦修禁欲的生活。无论在哪一种情况下，金钱对心灵都具有强大的影响力。

　　用神经质的方式看待金钱，会使生活中的其他问题恶化。比如，我们常会用金钱来界定富裕与贫穷的标准。如果一个人完全把金钱视为抵御贫穷的工具，那么，这个人就永远无法体验富裕的感觉。毕竟，富裕的"感觉"和"体验"是主观的。对有些人来说，信用卡不至于欠账，就算是满足了富裕的标准；对另一些人而言，只有拥有一辆乃至两辆豪华轿车，才称得上富裕。财富无法用银行账面上的数字来衡量，因为富裕与贫穷的标准，主要在于我们的主观认识。

这里，我们不妨再次求助于宗教，从中发掘富裕和贫穷的深层意象。许多宗教都要求教徒立誓坚守贫穷，但如果你去参观修道院或寺庙，就会发现，那里的建筑精致典雅，没有一点点破败的迹象。教徒们的生活虽然简单，却称不上俭朴，而且从来用不着为衣食操心。宗教上的贫穷，有时并不是指真正意义的贫困，而是指一切财产的共有制。立誓的真正目的，就是为了巩固这种共有制，从而维系团体成员之间的联系。

如果一个社区、一个城市、一个国家，乃至整个地球上的人们，集体立下坚守贫穷的誓言，结果会是什么呢？这样并不是要把贫穷浪漫化，而是通过公共财产的所有权，加深我们的群体意识。当下的情况是，我们把财产严格划分成公私两部分，在法律允许范围之内，人们可以随意在私有土地上兴建土木，而法律未必能考虑到社区的整体利益。对于这些建筑物和企业的状况和品质，身为局外人，我们会觉得既无权过问，也没有义务关心。

如果我们缺乏对整个地球的主人翁意识，就会认为维持海洋和大气的清洁是别人的事。真正富有的人"拥有"整个世界——大地、海洋和空气；与此同时，他又并不拥有任何东西，因为他没有把富裕和贫穷割裂开来。从心灵的角度来看，我们应该以负责任的态度，使用和享受这个在我们有生之年都

"属于"我们的世界。这样，富裕与贫穷就达到了对立统一。

金钱就像性爱。有些人认为，性经验越丰富，性伴侣越多，他们就越能获得满足。然而，再多的金钱、再多的性爱，也满足不了贪得无厌的人。问题并不在于拥有得太多或者太少，而是在于人们对待金钱的态度。有些人把金钱当成神物加以膜拜，而不是把它视为交换的媒介。通过排斥贫穷达到的"富裕"，永远称不上完整。心灵需要富裕的支持，也需要贫穷的滋润。

说心灵需要贫穷的滋润，并不是说我们应该把贫穷浪漫化，把它看成超越凡俗生活的途径。一些人觉得，他们的工作无须任何酬劳，另一些人则以交换的方式提供他们的劳力，以避免遭受金钱的污染。但贫穷和财富一样，人们如果太痴迷于它，就会为社会所排斥，因为社会需要金钱的支撑。追求财富是心灵的正当欲望，如果我们压抑这种欲望，逼它转入地下，它就有可能在暗中卷土重来，促使我们以不正当的手段，在幕后聚敛钱财。这与心灵地图是相悖的，也难免不出问题。难怪我们时有听说，某个备受尊敬的宗教团体或宗教领袖，忽然闹出敛财丑闻。心灵对金钱的需求一旦遭到漠视，就有可能转化为邪恶的力量。

与性爱一样，金钱太过于精神化，充满幻想与情感，不受理性的约束，所以它可以给予我们很多收获，也可以颠覆我们的心灵，让我们的意识堕入魔道。我们必须把金钱固有的阴影属性，与过度执迷于金钱的症候区分开来。利欲熏心、口是心非、监守自盗，这些都是金钱与心灵脱节的表现。当心灵对金钱的正当需求为盲目拜金的疯狂所取代时，我们就会不顾一切道德准则，拼命聚敛钱财，而不是将钱财用于正当的社会交易。

交易是金钱的本性。英语中的"零钱"（change）一词，原本就是"交易"（exchange）的词根。萨尔德洛曾研究过金钱在社会心理中扮演的角色，他认为，社会经济的运作方式与人体的生理机制非常相似。如果说利润和消费相当于呼吸的过程，那么金钱就是空气。一旦金钱丧失了支持交易的社会功能，就会阻塞社会经济的呼吸，导致窒息。欺诈和贪婪会扰乱交易的正常节奏，比如某个团体以公众利益作为理由募捐，而募来的钱却大部分甚至全部进了组织者的荷包。金钱原本就具有强烈的阴影色彩，如果某个团体或个人一头栽进这阴影中，他们的心灵就会沦丧。

然而，如果用合适的态度看待金钱，它就可以让我们的心灵发生改变，而不至于腐蚀我们的本性。它让我们摆脱天真的理想主义，投身于历史和文化的创造过程，亲手树立属于我们自己的力量、尊严与价值。它给我们一个机会，让我们在生命的神圣战场上打拼。它还可以让我们的心灵脱离纯真的幻象，回到现实世界中来。这就是心灵地图对金钱的看法。

与金钱有关的梦境，通常具有多重含义。不久前我做过一个梦，梦中正值凌晨时分，我在一条阴暗的小巷里行走。一个男人不知什么时候靠了上来，用刀子顶在我后腰上。"把零钱交出来。"他说。我知道我右边的裤子口袋里有两百块钱，左边则有大约十五块零钱。于是我把手伸进左边的口袋，把里面的零钱全给了他。我担心他还想要更多的钱，但他接过零钱就跑开了。醒来后，我回忆起梦中发生的事，不禁想：我有一种"把自己的东西交出去"的倾向——有时会把自己的计划搞砸，有时会为别人付出太多，以至于忽略了自己的需求。这样的想法让我相当恼火。

那天晚些时候，我又花了几分钟时间，重新思考梦境的含义。那个梦给我的第一印象，反映了我一直以来对自己的认识——觉得自己付出得太多。于是，我努力把注意力集中到梦境本身上。在梦中，我表现得很聪明，骗过了抢劫我的人。在梦中我就注意到，抢劫者并没有简简单单地说"把钱交出来"，而是用了"零钱"（change）这个字眼——而 change 的意思是"改变"。那么，这个梦是不是要我改变原先的生活方式，参与暗地里发生的交易，赋予我心灵中的阴影成分真实的价值？我为别人付出的做法，是否还有另外一层意义？我的小聪明是否欺骗了我自己，让我忽略了我原本拥有的精神财富？在梦中，我丝毫没有犹豫，就用我的双重性——裤子两侧的两个口袋——骗过了生活的阴暗面。

我感觉，这个梦加深了我对"心灵经济学"的理解。在心灵的经济学中，激情、精力、才能和信念都可以担任金钱的角色。或许我像某些人聚敛钱财一样，盲目聚敛我的才能——心灵的金钱，因为我害怕心灵生活中的阴暗小巷。或许我把自己拥有的东西划为两部分，较大的一部分囤积起来，较小的一部分则随时准备牺牲掉。梦境给了我一个机会，让我检视自己性格中原本隐藏起来的部分。

看待金钱的阴影特质，既不能死守道德信条，也不能太过认真，只有这样，心灵地图才不会出现问题。例如，金钱的积累理应让我们快乐，因为这是金钱的基本性质之一。只有当我们为聚敛钱财不顾一切，或是动用了卑劣的手段时，心灵才会受到伤害。赚钱和攒钱的过程，就是萨尔德洛所说的"吸气"过程。然而，如果我们拒绝承认金钱的阴影特质，聚敛钱财的过程就会带来负罪感，因为我们追求的东西彼此矛盾——一方面想享受积累钱财的快乐，一方面又不愿放弃表面上的纯真。

利润丰厚的企业，可能会感觉到金钱的压力，从而面临两种选择：要么真心花钱回馈社会，在这一过程中加深自身的影响力和责任感；要么为了消除负罪感，表面上捐钱出来，实际上却通过免税等方式获得更大的收益。在第一种情况下，金钱自然会成为企业融入社会的催化剂；而在第二种情况下，企业领导层或许为自己的小聪明而扬扬自得，却不晓得在操纵社会经济的过程中，他们的心灵受到了伤害，他们的金钱也变成了种种症候的根源。如果整个社会都为金钱的阴暗面所腐蚀，那么社会结构就会解体；如果整个社会能够理解和接纳金钱的阴影特质，那么每个人的心灵都能得到滋养。

中世纪的人们认为，点数和监管金钱的工作，会受到萨杜恩的护佑。无论是点钱的过程，还是把一沓钞票塞进钱包的动作，都具有仪式性的内涵。我们对钞票、支票和存折的态度，可以体现我们对萨杜恩的态度。一张作为压岁钱的崭新钞票、仔细镶在玻璃框里的"第一桶金"，都反映了我们对金钱、对萨杜恩的尊崇。积蓄钱财的过程，同样具有仪式性的内涵——无论钱财是以现金形式藏在床单底下，还是存在瑞士银行的户头里。

　　金钱与工作之间的关系，很大程度上具有幻想性质，可以说，这既是我们的负担，也是不可多得的机会。工作方面的问题大都涉及金钱。我们总觉得赚的钱不够多，认为自己理应获得更高的报酬。我们总以为，只有当我们的收入赶上甚至超过了父辈，他们才会以我们为荣；只有当我们拥有了足够的财富和经济基础，才算得上是成人社会中的一员。在这些感觉的影响下，我们要么对金钱避而远之，不敢面对它的力量，要么就会一心一意追求钱财。其实，我们不妨沿着心灵地图去体验金钱带来的幻想，看看它们携带着什么样的讯息。比如，我们有时会认为，赚钱是为了彰显我们的存在。之所以这样想，很可能是因为我们找不到生存的意义。为了改变这种状况，我们需要全身心投入社会生活，让自己融进周围的社区之中。这就是金钱的幻想带给我们的启示。不过我们也要注意，不要反被幻想控制，否则就算我们成了百万富翁，心灵也得不到真正的成长。

工作中的失败

工作中的失败，同样可以滋养我们的心灵。尽管我们辛勤工作，头顶上却可能笼罩着失败的乌云，在某种程度上，这种感觉并不是坏事，因为它可以防止我们对成功抱太多的期望。对成功和完美的追求，是我们前进的动力，而对失败的担心，则让我们不至于忘记心灵。当追求完美的心情逐渐沉淀下来，凝聚在心灵底层时，我们就可以由此出发，取得力所能及的成就。或许失败会对我们造成沉重的打击，但只有经历这样的打击，我们那些不切实际的目标才会转化为创造性的力量。完美往往只能在想象中存在。按照传统观点，定义人性的并不是展翅高飞的精神，而是植根于生活中的心灵。

日常工作中，我们经常会遇到各种失败，这是不可避免的，因为人力有限。失败并不是一个问题，而是一种奥秘。当然，这绝不是说我们应该故意追求失败，或者像受虐狂一样，因为失败而狂喜。我的意思是，当工作达不到我们期望的标准时，我们就可以从中窥见精神与生活的奥秘。失败所带来的自卑和羞辱，有它们自己的意义；我们若能理解这一点，就应该把失败当作工作的一部分，而不是为失败所征服。

按照中世纪炼金术士们的说法，"制伏"是冶炼大业的重要阶段，而这个词的字面意思是"制造死亡"。荣格认为，我们若想让永恒的因子在生活中显现出来，就必须先经历这一过程。当一个人认识到"看来我当初没得到想要的那份工作，其实是一件好事"时，他的心态所反映的，就是这一过程中的奥秘。简简单单的一句话，却超越了人的意图和欲望，捕捉到了失败的真正内涵。在"制伏"发生的那一刻，我们就会意识到，在生活和工作中，意图和欲望或许并不是最好的向导。

如果不能理解失败的意义，可能我们永远不会有成功的那一天。理解失败的奥秘，承认它对心灵的作用，接受它的必要性，可以让我们既认清自己能力的局限，又不至于因此而沮丧。为失败所征服、从此一蹶不振的人，其心态很接近"消极自恋"。他们以消极的方式，拒绝承认"不确定"性在工作中扮演的角色。消极自恋者会说："我真是失败，什么事情都做不好。"像这样沉溺在失败中，只会丧失通过失败助益心灵的机会。我们可以用想象力理解和接纳失败，在失败与成功之间建立联系。如果缺乏这种联系，工作就会沦为虚浮的、自恋的成功幻想，以及凄惨的失败感受。而如果能体会失败的奥秘，我们就会发现，失败并不属于我们，只是我们所做的工作的一部分。

心灵与创造力

创造力——心灵在工作中的另一种表现形式——经常被我们浪漫化。我们常用天真的眼光看待"创造"这个概念，认为只有至高的成就才配称为创造。如果从这样的角度出发，大部分工作都不具备创造性，只不过是单调的、令人厌倦的重复。

　　我们不妨换一种态度，给"创造"下个更切合实际的定义，这样，创造力就不再是天才人物的专利。在日常生活中，创造力意味着利用每一段经验来滋养心灵。有些时候，我们可以用轻松的、创造性的方式，从寻常经验中发掘对心灵有益的内涵；还有些时候，我们只要将经验储存在记忆和思想中，它就会自动发酵，显露出其中蕴涵的想象力成分。

　　创造力有很多种表现形式。它可以是萨杜恩式的，所以当我们处于抑郁情绪中的时候，也正是最具有创造力的时候。沉思会让我们产生非同寻常的想法，而在抑郁的情绪下，许多与文化和人格有关的重要元素都会浮现出来。荣格曾说，他在心理学方面的基本思想，正是在他精神崩溃的那段日子里"孕育"（conceive 这个词具有"天使报喜"的意境）出来的。创造力也可以是阿弗洛狄式式的，萌生于性的兴趣和欲望之中。毫无疑问，好莱坞的"性感女神"玛丽莲·梦露，具有她自己独特的创造力。

　　基督教中"天使报喜"的意象，很好地表现了"降临"的主旨。历代艺术家留下了上百幅画作，用不同的方式呈现这一场景：天上的圣灵化身为一只鸟儿，在漫天金光中降临世间，让俗世间的女子玛丽亚有感而孕，怀上圣婴耶稣。这一神秘的场景，反映了我们的意念形成的过程。我们首先获得灵感，然后再设法让灵感逐渐成形。

　　创造力同样有它的阴影层面，只有正视这一点，我们才能用它滋养自己的心灵。许多人都知道，艺术家在创作过程中经常会遇到"瓶颈"：灵感突然枯竭了，作家面对空白的稿纸，一个字也写不出来。所有人都有可能经历这种感觉，并不仅仅是从事文艺创作的人。一位母亲或许一连几个月乃至几年，都能享受养育孩子的乐趣，每天都想出新的主意来逗他们高兴；然后有一天，灵感突然消失，她心中只剩下空虚的感觉。事实上，这样的空虚也是创造力的一部分，如果我们清楚这一点，就不会那么排斥这种感觉了。

斯特拉文斯基或许是 20 世纪最杰出的作曲家了。他一生辛勤工作，把音乐视为一种需要精雕细琢的创造物，而不是他自己个性的表达。他在接受采访时说："巴赫时代的音乐家，技艺远比今天的音乐家要娴熟。在那个年代，要成为音乐家，首先必须磨炼技巧。而在今天，我们唯一重视的就是'才华'。我们不再注重细节，而对细节和技巧的埋头修炼，乃是成为伟大音乐家的必由之路。"他认为，艺术家绝不仅仅是表达灵感的媒介。他在哈佛大学演讲时曾说："万一不可能的事情真的发生了，我的作品突然间达到了圆满的境界，那我一定会感到尴尬不安，仿佛受了上天的愚弄一样。"

创造性的工作，的确充满了灵感与激情，但它也是平凡单调的，充满了焦虑、挫折、困境、错误和失败。在希腊神话中，代达罗斯之子伊卡鲁斯向往着脱离迷宫中的阴影，在明亮的阳光下飞翔；然而，要进行创造性的工作，我们并不需要伊卡鲁斯式的特质。在创造的过程中，我们可以摆脱自恋，把注意力全部用于解决客观世界中的问题。但要想发挥创造力，就必须与世界融为一体，让心灵找到归宿，因为无论是在文学艺术领域，还是在日常生活中，我们唯一能创造的东西就是心灵。

库萨的尼古拉以及其后的英国诗人柯勒律治都认为，人类的创造行为，是在参与上帝创造宇宙的过程。上帝创造了大宇宙，而我们创造了自己的小宇宙，用尼古拉的话来讲，就是"人的世界"。我们参加工作，成家立业，生儿育女，共同塑造社会文化——这些都是创造性的行为。如果我们能以宽容的胸怀和关切的态度，拥抱自己的命运，就可以在创造的同时，让心灵也得到关怀——不管我们的创造物是不是具有伟大的艺术光彩。

所以，我们最重要的工作，就是跟自己的心灵打交道，绘制自己的心灵地图，响应命运的要求，关注生活的每一个细节，无论生活给我们的是什么。或许有一天，我们外在的工作和心灵的大业终会融为一体，不分彼此。一旦达到了这样的境界，我们就能从工作中获得长久的、深度的满足，无论是失败还是突如其来的成功，都无法剥夺这种满足。

精神生活与心灵地图

Care of the Soul

第三部分

认清你眼前的，

那隐藏的就会对你显现。

——《多马福音》

第十章

神话、仪式与精神生活的必要性

心灵需要本土化的生活，需要同本地的空间和文化保持联系。心灵仿佛一只动物，以周围环境提供的食物为生。它偏爱具体的细节、亲密的关系、高度的投入和深远的根源。凡事都有另一面，心灵也需要精神生活，而且是那种能够与日常生活和谐共存、不排斥凡俗事物的精神生活。

现代人习惯将心理学和宗教区分开来。我们通常以为，情感问题主要与家庭背景、童年经历和内心创伤有关——这些其实都属于个人生活的范畴，并没有涉及精神层面。我们不会认为情感失控的原因是"宗教感的丧失"或者"精神意识的缺乏"。然而，作为情感的发源地，心灵可以从丰富的精神生活中获益，也会因精神生活的贫乏而受害，这是显而易见的事情。心灵需要完整的世界观，需要经过仔细斟酌的价值体系，也需要个人之于群体的归属感。它最向往不那么超然物外的精神生活，比如世代相传、代表家族传统价值观的家庭信仰。

精神生活并不是自然而然降临的，它需要我们的引导和培养。世界各地的宗教都表明，精神生活不仅需要长时间的关注，也需要有技巧的引导，这样，信仰的原则和理念才会永远保持鲜活。我们定期拜访教堂、寺庙，是很有必要的，否则我们的意识很容易沉溺在物质世界里，完全忘记精神生活。宗教仪式的主要目的是提醒我们，不要忘了精神理念和精神价值的存在。

前文中，我曾提到一位为饮食问题所苦的年轻女子，她曾梦见一群老妇人正在户外准备一场盛宴。梦境的内容与她生理层面的饮食问题有关，同时也反映了她的心灵地图对原始女性特质的渴求。吃了那些老妇人准备的食物，她就能吸收她们的精神。她的梦完全是"最后的晚餐"情节的女性版本。

在另一个与食物有关的梦里，她发现自己的食道是用塑料做的，长度不够，不足以连通到胃。如此诡异的意象，反映了现代社会面临的最大问题之一——我们与内心世界之间的连接总是不够深入。

食道的意象，正是心灵主要功能的绝佳写照，也就是把外部世界中的事物转移到内心世界。然而在梦中，她的食道却是由非自然的塑料做成的，而塑料正象征着我们这个时代的浅薄。如果心灵的功能像塑料一样浅薄，我们的精神世界就不可能得到充分的滋养。所以，我们必须找到一种更自然的方法，把外部世界中的经验引入我们的内心。

思维消化观念，产生知识；而心灵则消化生活和经验，产生智慧与个性。文艺复兴时期的新柏拉图主义者们认为，深层次的精神生活发源于外部世界，其中，最重要的是寻常经历向心灵内涵的转变。如果外部经验与内心想象力之间缺少完整的联系，我们的心灵就会与生活脱节，心灵地图也就会出现问题。而心灵与生活脱节必然会以症候的形式表现出来。

那位女子对自己身体的鄙视，以及拒绝进食的禁欲行为，反映了她病态的精神生活。一定程度的禁欲主义，是精神生活必要的组成部分，但用刻意的、强制性的方式追求禁欲，只会让我们离心灵越来越遥远，心灵地图出现更多的问题。作为一种社会性症候，厌食症的出现提醒我们，我们的确需要更加自然的精神生活。我们需要自我克制，却不应该让它发展成精神疾病。如果听任精神生活沦为塑料做成的食道，那我们就是在饿死自己，而不是进行神圣的禁食。

在许多宗教里，食物都具有强烈的象征意义。领圣餐礼——凡人与神灵结合的一种仪式——就是通过食物来达成的。把食物吃进体内，象征着把神的意旨吸收进心灵之中。从这样的角度来看，那位女子的梦反映了她莫大的痛苦——塑料食道干扰了她与神意的结合。

所有的食物都是圣餐，都能在滋养身体的同时滋养心灵。当代社会的"快餐文化"，充分反映了现代人的一种观念——无论在实际意义上还是精神层面上，我们只需要最简单的食物就够了，用不着营养丰富的食品，也用不着助长想象力的精神食粮。在新闻领域同样如此——我们以"摘要"（sound bites）的形式接收讯息，而 sound bites 的字面意思是"狼吞虎咽"，与充分消化吸收所要求的"细嚼慢咽"截然相反。

当代的很多科学家要么完全无视内心世界的存在，要么认为内心世界与外部世界无关，或者是几乎无关。即使承认内心世界的存在，他们也认为它是次要的，如果还有"现实的"工作和生活问题需要解决，就不应该把时间和精力"浪费"在内心问题上。我们的社会不啻为一条塑料食道，能满足快餐食物和快餐式生活的需求，却对心灵无所助益。只有在我们以长期的、缓慢的方式，彻底消化吸收生活的经验时，心灵才能发荣滋长。

心理现代主义症

心理学界已经把各类心理问题分门别类，整理成一本《心理障碍诊断与统计手册》（DSM-III），作为医生与保险公司准确诊断感情生活和行为方面的心理障碍，并对诊断结果进行标准化的依据。例如，因不适应生活变化而导致心灵受到伤害的，这一类情况被定义为"适应紊乱症"。或许有一天，我也会编纂一本 DSM 手册，把从事心理治疗时遇到的各种症候分门别类整理出来。我的手册将会包括"心理现代主义症"这个门类，涵盖对现代社会的价值观念不加批评、全盘接收的情况。症状包括，盲目信任现代技术，过度依赖各种现代设施，迷信科学的进步，迷恋电子媒体，生活方式为广告所主导，等等。这样的生活态度，迫使人们以机械的、过度理性的观点来看待心灵，从而对心灵造成伤害。

在"现代主义症"中，现代技术通常是引发心理问题的原因。来接受心理治疗的患者或许会说："我不需要任何浪费时间的分析。如果有什么东西出了问题，把它解决掉就是了。告诉我该怎么做就行，我一定照你说的去做。"这样的人根本不会相信，问题来自价值观的淡薄，或是对死亡的理解不够深刻。在现代社会中，很少有人能接受这样的思考方式，不仅因为没有时间思考，更因为人们习惯用机械论的态度看待心理问题。他们以为自己的心理是一具机器，如果出了故障，只消参考使用手册换上新的零件就可以了，如果问题依然存在，还可以找专业的机械师——心理医生来解决。事实上，按照心灵地图的说法，生活中的所有问题都有其哲学内涵，要想用严肃的哲学态度来思考生活，就必须对心灵予以足够的重视。

心理上的现代主义症，驱使人们去购买最新潮的电子设备，去追随五花八门的新闻、娱乐节目和随时更新的天气预报，错过任何东西都是不可接受的。我曾见过一些极端的例子，比如，有一位男士整天坐在几台电视机前，同时收看世界各地的新闻报道。他的工作并不需要这些新闻信息，但他觉得，如果无法掌握全世界的局势，他的生命就没有意义。一位经营电脑公司的女士，对新开发的药品和医疗仪器了如指掌，不管你打算服用什么药物，她都能讲出它的副作用。然而在私下里，她却因生活无法安定下来而痛苦不堪。她的病不是她所了解的那些药物所能治疗的，因为对人生的厌倦是一种心病。

有些时候，我们的智慧正好跟接触的信息量成反比。我们每天都在接收大量医疗保健信息，但对自己身体的智慧几乎一无所知。我们随时都可以通过新闻报道，了解世界每一个角落发生的事情，然而我们对怎么处理这些事情却毫无头绪。现代心理学的研究项目越来越专业，心理医生的从业资格要求也越来越严格，然而，心理学界对心灵奥秘的了解却越来越不足。

在现代主义症的影响下，我们对许多概念的理解，都只局限于字面意思，完全不去发挥想象。比如，古代的哲学家和神学家认为，世界像是一只无比庞大的动物、一个统一的有机体，具有完整的身体和灵魂。到了今天，我们则从字面上理解这种观点，提出了地球村的概念。古人想象中的世界灵魂，是由造物的神祇一手缔造的，而在今天的人们心中，并不存在这样的灵魂，存在的只有连通各地的信息光纤。在我居住的小村里，到处都能看见巨大的电视天线，村民们每天坐在电视机前，收看来自世界各地的娱乐和体育节目。我们仍然渴望着群体生活，渴望与别人建立亲密的关系，但我们并不是凭着敏感的心灵去体会，而是借助硬件设备追求这些东西。我们想知道关于世界各地人们的一切，却不愿与他们建立任何情感联系。我们一方面对其他民族的生活方式深感兴趣，另一方面又比以往任何时代都要仇外排外。我们对世界文化的研究完全与心灵无关，所以，我们只顾追逐零碎的、无法进入心灵深处的信

息，却对全人类共有的智慧和共同的命运毫无概念。这也是心
灵地图经常出问题的原因。当然，我们的心灵可能从一开始就
丧失了内涵，因为我们的教育只看重信息和技能，却完全无视
想象力和深层次的情感。

现代隐士

过去，跟随心灵的人为了回避现代世界的种种问题，经常
离群隐居。荣格就是一个很好的例子，他安排生活的标准，不
是社会生活的俗务，而是心中的渴望和不安。他在回忆录中写
到，他曾亲手建起一座石塔，作为自己的居所。起初，那只
是一座简单原始的建筑，但经过他多年的改造，建筑结构变
得越来越精巧复杂。最初建造石塔时，他心中并没有任何规
划可言，但是每隔四年，他就要对石塔进行扩建。对荣格来
说，"四"这个数字具有强烈的象征意义，它代表完整性。最
终，这座石塔变成了他心中的圣地。他把这里当成探索心灵的
地方，在这里的墙上涂鸦，在这里写下他的梦想，整理他的
思绪，享受他的记忆，记录他的灵感。荣格回忆录的标题——
《回忆、梦与反思》，正是他在石塔中生活的绝佳写照。

他在回忆录中写道："我过着没有电的生活，在壁炉里生火
取暖。到了晚上，我就把老旧的油灯点亮。没有自来水，我从
井里汲水上来。我自己砍柴烧饭。这些简单的活动能让一个人
变得简单，这样的简单是多么不容易的事情。"

荣格的石塔生涯给了我们许多启示，教我们如何沿着心灵地图关怀饱受现代生活威胁的心灵。**一般的心理治疗，只关心具体的问题，以及如何解决这些问题；然而要跟随心灵的话，我们就必须把重点放在日常生活上。**造成情感问题的原因，很可能并不是某一次的内心创伤或者人际关系不理想，而是生活方式，它导致心灵遭到了漠视。**人生难免遭遇种种问题，而问题并不一定会对心灵造成伤害，但如果不能从日常生活的实际经验中得到滋养，心灵就会逐渐萎缩。**

荣格的石塔，是他为自己的精神生活建造的神殿。我们也可以仿效他的做法，在家里腾出一个房间，甚至一个角落，作为探索心灵的地方。荣格的石塔为他提供了专门的空间，让他可以感受到生命在向两端延展——一端透过回忆连接过去，另一端则经由预言通往未来。石塔是想象力的具体表现，帮他摆脱了现代文化的樊笼。许多人都向往着挣脱现代文化的限制，但要找到合适的方法，真正打开一个突破口，并不是件容易的事。在与心灵有关的活动中，技巧有时是至关重要的。

荣格说，在石塔里居住时，他觉得历代祖先就在离他不远的地方——这也是传统精神生活的重要内容之一。他写道："在1955 至 1956 年之交的冬季，我用凿子把我父系祖先的名字镌刻在三块石板上，把石板立在石塔下的院子里。此外，我还把自己和妻子祖辈家徽上的图形，用油漆绘在天花板上。在石板上刻字时，我心中总能感应到自己与祖先命运之间的关联。我有一种强烈的感觉，觉得我的父母、祖父母和更久之前的祖先留下了许多未曾回答的问题，而这些问题一直笼罩着我。"

　　这一段令人印象深刻的文字表明，荣格的内心世界与外部世界之间，进行着富有成效的对话。他建造石塔、绘制家徽、镌刻姓名的过程，也就是跟随心灵的过程。他的石塔象征着心灵对简单和永恒的追求。它是他梦境片段的具现，是他想象力的"客观对应物"——借用英国诗人艾略特的说法。即使在执笔专业著作的时候，荣格也遵循心灵地图的指引。例如，他在梦中得到启示后，就开始仔细钻研炼金术的理论和实践。

　　要跟随心灵，就必须全心全意照料它，时刻关注它的需求。对于经常漠视心灵的人，我们可以劝他在房子旁边专门搭建一间棚屋，作为与心灵对话的场所。为了心理问题如此大费周折，或许听起来有些奇怪，甚至有点疯狂；然而，在繁忙的现代生活中，光靠挤出来的一个小时的时间思考，绝不足以治愈心灵的创伤。我们从现代世界中退隐的举动，比起每周一次的心理治疗，或是偶尔的外出露营，来得更严肃、更彻底、更长久。

　　离群隐居一直是精神生活的组成部分。僧侣们在寺院里过着与世隔绝的生活，苦修者们遁入沙漠，北美印第安人则在成年仪式上离家远行，去完成长者交托的任务。荣格所建造的石塔，同样体现了离群隐居这种做法的主旨。我并不主张每个人都去寺院里苦修，以此来对抗威胁心灵的现代主义顽症。隐居做法的本身，可能对心灵有利，也可能只是一种逃避。不过，现实的、具体的退隐行为，确实可以成为一个契机，让我们的精神生活获得新生。我们可以选定一个抽屉，把记录梦境和想法的本子收藏在里面，这也是退隐的一种方式。我们可以每天花五分钟时间，在本子上写下头天晚上梦的内容，以及对新一天的憧憬。我们可以临时打消逛街的念头，改为去森林里散步。我们可以把电视机收进柜子里，只在特殊情况下才搬出来看一看。我们可以选购一件艺术品，把我们的注意力引往精神生活的方向。在我到过的一处社区里，一位男子每天带领着几个人，在小公园里打太极拳。

这些退隐行为虽然简单质朴，却足以满足心灵的精神需求。在形式上，精神生活无须大张旗鼓。事实上，越是与日常生活贴近的精神生活，就越容易让心灵受益。**精神生活所需要的是关注、细心、专心、持之以恒。它要求我们与这个漠视心灵的世界保持一点点距离。**

作为一个社会，我们同样可以用公开的方式宣扬隐退的价值。政府可以不惜代价保护城市中的公园和花园，为人们提供一个远离尘嚣的空间。公共建筑内部可以划出一些地方，让工作人员和访客能在其中独处，这也是跟随心灵的一种方式。据说在战争期间，越南的难民离家逃难时，随身携带的唯一物品就是小小的神龛。我们也可以用类似的形式，表达我们对与精神生活有关的物品的珍视。不过，只有在我们真正理解和重视心灵的价值时，这些做法才有意义。

重新发现精神生活

现代生活的另一个特点是，很多人都缺少真正的信仰，这不仅会让精神生活受到威胁，而且会让心灵损失许多宝贵的经验。

现代社会中，许多人与家族世代相传的宗教传统脱离了关系，原因可能是儿时的某次痛苦经历，或者是他们觉得信仰本身实在太天真。即使是这些人，也可以从家族的传统中，找到复兴精神生活的方式。

我自己的经历就是这种改变的见证。我在一个笃信爱尔兰天主教的家庭中长大。读一年级时，修女们就已经认定，我天生就是当神父的材料，因为我很听话，学习成绩也很好。她们让我担任教堂里的祭坛侍者，这样我就有机会接触神父们。上小学的那些年，我经常在葬礼上担任祭坛侍者，每次去墓地之前，我都要跟神父一起吃早餐。这样的经验给了我许多潜移默化的影响。13岁那年，我顺理成章地进了神学院预科班。

我花了几年时间修习神学，练习冥想和赞美诗。我的宗教生活相当开心，我也并不为将来不能成家立业、银行里没有存款而担忧。对于当时的我来说，服从教士和神父们的意旨，就算是最大的困难了。在神学研究方面，我的学业进展迅速，别的学生们还抱着教科书不放的时候，我已经开始研读同时代神学家蒂利希和德日进的著作了。事实上，在神学院的最后几年里，我的宗教观念经历了相当大的变化，最后我决定做出彻底的改变。当时正是 20 世纪 60 年代末期，革命性的思想在美国甚嚣尘上。我没有领受神父的职位，而是离开了神学院。当时我觉得，我再也不会以如此虔诚的态度看待宗教和神职了。

没多久，我就遇到了一件奇事。那年夏天，我在一间化学实验室工作，每天穿着白大褂，按照别人给我的配方调配化学药品。我完全搞不清自己是在干什么，但我周围工作的人，的确有几个是真正的化学家。有一天傍晚，实验室的工作结束，一位青年化学家陪我一起走到火车站。我跟他并不熟，只知道他很有才华。我们一边沿着铁轨漫步，一边谈论各种各样的话题。我谈到了我所接受的神学教育，也谈到了重返俗世生活的快乐。

他停下脚步，仔细端详着我。"你一辈子都会从事神父的工作。"他用预言家般的口吻说。

"可我根本就没当过神父呀。"我解释道。

"那也没有关系。"他又重复了一遍，"你一辈子都会从事神父的工作。"

我不明白他究竟是什么意思。但我知道，他是一个头脑清楚、做事利索的现代科学家，我从来没见过他像这样神经兮兮的。

"我不明白你的意思。"我站在铁轨上告诉他，"我已经彻底放弃了当神父的念头。我心中没有任何矛盾。我很高兴能在新环境中开始新的生活。"

"别忘了我今天对你说过的话。"说完这句，他就换了话题。但我一直没有忘记他的话。

一年年过去，我越来越能理解他的意思。那年夏天在实验室的工作结束后，我去了一所音乐院校读书，每当我伏案抄写旧乐谱时，总觉得心中少了点什么东西。就这样漂泊了一年多，我不知怎么就进了附近一所大学的神学系。有一天，一位教授找我谈话，建议我攻读宗教博士学位。"但是我已经决定了，再也不研究正式的宗教。"我耐心地向他解释。

"我知道一个地方。"他告诉我，"雪城大学，在那里，你可以自由选择研究宗教的方式，可以把艺术和心理学结合进来。"三年后，我真的取得了那里的宗教学位。或许这就是那位化学家的意思。尽管宗教学位并不等于神职，但也相当接近了。

如今，我以心理医生的身份写下这本书，希望能在心理治疗界恢复跟随心灵的传统——这本应是神父的工作。在我这个"离经叛道"的天主教徒身上，天主教的精神依然存活着，依然在经历着变革。我从小接触、曾经用心研究的教义，在我个人身上发生了重大的转变，这种转变并不是我能预料的，但的确造成了深远的影响。这教义就是我自己精神生活的源泉。

日常生活中的神圣境界

我们可以从两个角度看待教堂与宗教。一方面，我们去教堂是为了感受神圣的气氛，让生命接受这种气氛的影响；另一方面，去教堂的行为也是一个契机，让我们得以领悟日常生活中的神圣境界。在第二种情况中，宗教变成了"记忆的艺术"，其作用是提醒我们，生活中的每一件事情都具有宗教的意味。一些人把宗教当成星期天的事情，对他们来说，生活可以划分成两部分——神圣的安息日和凡俗的一般日子。另一些人则每天都遵奉宗教的传统，对他们来说，安息日只是一个提醒，免得他们忘记生活中的宗教意味。在英语中，从星期一到星期六，每一天都对应着一位神祇的名字，这绝不是偶然的。例如，星期六（Saturday）对应萨杜恩，星期四（Thursday）对应北欧神话中的雷神索尔（Thor），而星期一（Monday）则对应月神（Moon）。在其他西方语言中，同样存在着类似的对应关系，例如在意大利语里，星期五（venerdi）对应着爱神维纳斯。

琳达·萨克逊在著作《平凡的神圣》中，描述了在最平凡的事物和情境中发掘神圣性的方法。她在书中提到，她曾在一位老人家里见过一个瓷器柜，里面装满了跟他的亡妻有关的东西。她说，那个柜子充满了神圣性，正如犹太教中的"约柜"和基督教中的"圣柜"一般。这样看来，我们收藏在阁楼里、用来存放具有特殊意义的信件和其他物品的柜子，同样具有圣柜的意味，因为它们储存的乃是神圣的物件。艾米莉·狄金森曾将诗稿仔细誊写成四十九卷，用绶带分别扎好，小心存放起来。这样的做法为诗稿增添了真正的神圣内涵。我们每个人都可以创造自己的圣书与圣柜——一本记载梦境的册子，一本真诚的日记，一本记录思想的笔记，一本具有特别意义的相册——这些小小的却充满意义的东西，可以为我们的日常生活添加神圣的元素。如此平凡、如此接近家庭环境的精神生活，对心灵具有特别的滋养作用。如果日常生活中没有这种意味，我们的生活就会分裂成两半——去教堂时摆出一副虔诚的样子，平日的生活却俗不可耐。

我曾为一位深受"心理现代主义症"困扰的女士进行心理治疗。她的职业是时装模特，这让她无法满足自己心灵深处的欲望，所以，尽管她才29岁，却觉得自己的生命已经开始走下坡路了。在我们最初的几次谈话里，我注意到她好几次说自己已经"年纪大了"。她说，没人会雇用脸上已经开始出现皱纹、头发已经开始变灰的模特。这就是她面临的第一个问题，职业让她疏远了自己的身体，无法承认自己年龄增长的事实。

年龄的增长和衰老，可以促使我们关注心灵，关注生活的精神层面。身体的改变，能加深我们对命运、时间、自然、死亡和自己性格的理解。衰老迫使我们发现，人生中究竟哪些东西是重要的。那位女子所从事的职业，使她努力回避衰老的话题，甚至故意跟衰老的自然过程作对。由此产生的矛盾，既干扰了她的工作，也影响了她在内心深处对自己的认识。

　　她也希望有个孩子，但又不知道该如何从紧张的工作和旅行中挤出怀孕的时间。她说，她最多能争取到一个月的自由时间，再多就没办法了。同时她还得保密，不能让人知道她想生孩子的想法。她担心经纪人听到风声，会把她一脚踢开。

　　她在犹太家庭中长大，小时候经常去犹太教堂做礼拜，但这样的经历并没有给她留下深刻的印象。她对犹太教既不了解，也没有任何情感上的忠诚可言。她很看重自己的工作，也很享受快节奏的生活方式。简而言之，她是那种一年到头乘飞机旅行的人，只有在偶尔渴望更充实的生活、更美满的婚姻，以及她自己的孩子时，她的心灵才能隐隐约约呈现出来。

　　她来找我的目的很简单——"我想要更好的生活。我不想在每天早上醒来时感到空虚。帮帮我。"

　　"你做过梦吗？"我问她。我发现，那些完全为外在的紧张生活所占有，意识不到自己内心想法与感觉的人，对自己的认识和了解总是相当肤浅的。人们经常把自我了解和理性分析混为一谈。许多人都喜欢文字上的心理测试，或是其他心理学方面的时尚做法，却不知道这样只会阻碍自我了解的过程，因为内心世界的复杂性绝不是简单的公式能表现出来的。

　　而梦就不同了。梦是一个人的神话，一个人的心灵意象。梦的含义并不容易理解，但正因为如此，梦才更容易让人深思。如果我们经常研究自己的梦，经过一段时间之后，我们就会发现某些规律，某些反复出现的意象，而这些规律和意象所揭示的内容，远比任何心理测试都要深刻，也更容易发现心灵地图的奥秘。

"我经常做梦。"那位女士说。然后她为我描述了前一天夜里做的梦。她梦见自己坐在纽约的一家饭店里，眼睛紧盯着面前的餐盘。她拿起叉子，挑开盘子表面的白色薄饼，发现下面是两粒新鲜翠绿的豌豆。

梦中饭店的场景是如此平凡，很容易被我们忽略。但是，食物具有丰富的、对心灵无比重要的象征意义。心理疾病的症候，经常表现为体重上升或下降、食物过敏、怪异的饮食习惯等。

况且，"饭店"（restaurant）这个词本身就耐人寻味。它的词根是 restore，再往前可以追溯到希腊文中的 stauros，意思是竖立在地上，用来拴东西的木桩。在饭店用餐与在家吃饭的意义完全不同。对那位女士来说，饭店代表了她在建立和维持家庭方面所遇到的困难。

我们也讨论了梦境所蕴涵的诗意。她用叉子挑起大片的、扁平的、营养并不丰富的薄饼，是为了寻找藏在下面的、更有营养的食物——豌豆。两粒豌豆尽管渺小，却带来了绿色的生机，它们掩藏在薄饼的白毯之下，如同绿宝石一样珍贵。绿色象征着希望和成长。我们谈起她生命中的"白毯"，那些她认为平淡无趣，却有可能掩藏着希望的事情。她首先想到的是家务劳作的辛苦单调。另外，她还感到一种莫名的不适，一种沉闷的情绪，像是有一层毯子覆盖在她的意识上。但她也感觉，那层毯子下面掩藏着某种生机。

她的豌豆梦让我想起了数年前听到的另一个梦：一位男士梦见自己坐在饭店里，点了一份牛排，侍者端上来的却是一大盘豆子。对我来说，那个梦就像是一个充满禅机的故事。我久久思考平淡的、家常的食物所具有的价值，特别是在我们向往更特别的食物时。生活就是这样，在我们幻想着山珍海味时，却把平常得不能再平常的食物端到我们桌上。

豌豆梦过去之后几个月，那位模特来找我，说她怀孕了。我不禁联想起，那些包裹在薄饼里的豌豆，难道也象征了她体内孕育的生命吗？

"怀孕对我的影响很大。"她说，"现在，工作不再是我生活中唯一的主题了，而我也不再那么害怕变老。现在真正让我担心的是，我居然开始读起严肃的书来了，天哪！"

她的精神成长已经开始了。精神生活并不是只有通过复杂的宗教语言才能表达。借着怀孕的契机，她发展出自己的一套人生哲学，这绝对是重大的精神成就。她开始接纳命运，透过身体的变化洞察自己的生命，这是她从来没有经历过的。这一切还只是开始——盖在薄饼下面的两粒绿色豌豆。这也是心灵地图被发现的过程，而你将从中受益。

我听说过一个与铃木大拙博士有关的故事，他是最早把禅宗思想引介到西方的学者之一。有一次，他跟几个声名卓著的西方学者同桌吃饭，坐在他旁边的人不停地问这问那，铃木博士则一言不发，只管吃他的饭。那人很明显对禅宗一无所知，居然问道："您能不能用一句话告诉我这个西方人，禅是什么？"铃木博士抬头看着他的眼睛，提高了嗓门说："吃！"

精神生活可以在凡俗的土壤上生根发芽，开花结果。即使是日常生活中的点滴小事，也可以是滋养我们的心灵、抚平我们心中伤痛的精神力量，由此开启心灵地图发现之旅。

神　话

在古希腊喜剧家阿里斯托芬的滑稽剧《蛙》中，酒神狄俄尼索斯到冥界去找哈德斯，因为人间的城市正受困于诗歌艺术的缺乏，狄俄尼索斯希望哈德斯能复活一位死去的诗人，来改变这种状况。在冥界，埃斯库罗斯与欧里庇得斯两位诗人在狄俄尼索斯面前展开竞赛，结果埃斯库罗斯被选中，去拯救没落的诗歌艺术。欧里庇得斯落选的原因，是他为了卖弄所谓的深奥，吟出了"当我们对值得信任者不予信任，对不值得信任者却信任有加"这句话，而只有在心灵极度匮乏的社会和年代里，如此缺乏意义的句子才会被称为诗句。

当今社会的情况，与《蛙》中的人间世界非常相似。我们丧失了对人生经历的深层次理解，无法描述生活复杂深刻的层面，只晓得玩弄浅薄的、重复性的词句，就像冥界的欧里庇得斯那样。我们所需要的，就是回归冥界的深渊，重新找回在日常生活中汲取诗意的能力。假如我们真的派一位使者前往冥界，去寻找足以描述我们复杂人生的诗歌，那么，他会带回什么呢？与古希腊的哲人和悲剧作家一样，想达到最好的效果，就要让神话的感觉复活。

　　所谓神话，就是以人类历史之外的某个时间、地点为背景，以幻想和虚构的形式，表述自然与人生的基本哲理的故事。神话超越了个人经验的层面，通过虚构的意象，反映人生最基本、最普遍的内容。人生中那些虚无缥缈的，无法用严密、写实的手法表现出来的永恒主题，可以通过神话得到体现。通常，我们在讲述自己生活中的故事时，并不会采用这样的表达形式——想想看，描述令你印象深刻的经历时，你会使用怪物、天使、魔鬼这样的字眼吗？

　　我们需要富有启示性的故事，来解释生活中面临的问题。但我们自己肤浅的解释，很快就会因缺乏表现力而难以为继，于是我们就转向家庭方面的话题。我们之所以回忆童年和家庭经历，是为了找寻其中的神话成分，借以表达我们心中的深层情感。当我们谈论父母和其他家庭成员时，我们所表达的并不仅仅是记忆，其中还带有想象力的成分。当我们讲述父亲当年做了什么，或是本该做什么的时候，我们一方面是在回忆过去的真实经历，一方面也是在表达心灵对父性的需求——我们需要一个能够保护我们、指引我们、在我们心中占据权威地位的形象。我们对家庭经历的记忆，是人生神话中非常重要的一部分。

　　近年来，神话研究越来越受关注，相关的著作和论文大量涌现，这反映了我们对想象力深度和内涵的迫切需求。世界各地的神话，虽然具体意象因文化差异而有所不同，但基调和模式大都相似。这正是神话的核心价值之一——超越个人经验的区别，直抵人类经验的基本主题。

例如，大部分神话体系都有自己的宇宙观，描述世界是如何形成的，由哪些力量所主宰。有了基本的宇宙观，人们才能对周围的世界有一个整体的概念。许多神话学者都曾指出，以事实和考证为基础的现代科学，同样有自己的一套宇宙观，这可以说是科学中的神话成分。

神话因为其虚构性，很容易被当成虚假的代名词。神话的意象带有浓厚的幻想成分，例如诸神与魔鬼，不可能发生的故事与不可能存在的场景，所以有些人认为，神话只不过是不切实际的空想。事实上，幻想是神话必不可少的元素，因为只有借助幻想，我们才能超越生活的琐碎细节，去探寻更高一层的人生规律。

在心灵地图中，寻求自我了解的时候，我们离不开神话的指引，因为神话能够表现人生最基本、最深层的主题。有时，为了发掘人生中的诗意，我们就像《蛙》中的狄俄尼索斯一般，不得不造访冥界。这样的旅程并不总是愉快的，甚至可能表现为神经官能症或精神疾病，不过，我们也可以通过理解和欣赏来自世界各地的神话，令撰写神话的人复活。

英语中，mythology 和 myth 两个词都是"神话"的意思，但含义并不相同。Mythology 是一系列故事的集合，目的是表达生活中的 myth——深层次的、普适性的规律。童年时的家庭经历，能够影响我们成年之后的生活方式；同样的，文化层面上的神话（mythology），也能影响现代生活中的神话（myth）。

来自其他文化的神话，可以助长我们的想象力，帮我们理解人生的深层规律。神话可以让我们的想象力突破社会学和心理学的限制，正因为这样，用心理学的手法解读神话时，我总是小心谨慎，以免别人误解，以为我所使用的现代语言和概念，就足以容纳神话的全部奥秘。

通过阅读神话，我们可以学会用想象的方式思考。现代社会的所谓"神话体系"，完全是由现象、信息和科学解释构成的，在这样的氛围下，架构在想象之上的宗教自然无处容身。这就是宗教与科学水火不容的原因。如果我们能把科学当作一种神话体系，或许就可以在接受科学的同时，也允许别的神话与之共存。

神话从来都是想象的一种方式，它无须考虑现实，尽管许多神话故事都发源于现实。有一次我在爱尔兰徒步旅行，向导指着山脊上一处形状不规则的缺口，告诉我那是魔鬼咬噬大地时留下的牙印。许多神话都是这样，由现实存在的事物脱胎而来，但现实只是想象的跳板，因为神话要表达的是人生的真理，并不是现实中的世界。我们有时追根溯源，以为这样就能解释神话的内涵，殊不知，这是南辕北辙。

同样，我们也不能说，过去的经历"决定了"我们今天的情感状况。神话所要发掘的，并不是实际意义上的因果关系，而是想象力层面的内涵。神话中的过去并不是实际意义上的过去。我们之所以可以把过去的经历当成神话，是因为其中的主题和人物形象与今天的情况有相通之处。神话中的奥林匹斯山和伊甸园，象征的并不是人类这个物种的起源，而是人类生存与人类文化的基石。

深度是神话的特征之一，正因为有深度，神话才能让心灵重归生活。心灵一半存在于时间中，一半存在于永恒，也就是说，心灵的时间观与客观意义上的生活完全不同。心灵一方面追随永恒的主题，另一方面也植根于日常生活的琐碎细节。这种时间与永恒的结合，是许多神话的主旨，也是心灵地图的奥秘。

从心理学的角度解读神话，并不是近现代才有的事情；西方文化史上一直不乏用当时的思想解读传统神话的尝试。我们在尝试时必须小心，避免将神话的解释单一化、肤浅化，而是应该通过神话扩展心理学的思路，把人生中无法彻底解释的奥秘列入思考的范畴。要发掘神话中的心灵成分，就必须让神话刺激我们的想象力，而不是试图用现代心理学的语言对它加以解释。

我们每一天的生活都带有神话的内涵，用不着给我们内心深处的神话故事打上某个希腊或罗马神祇的标签，因为我们每个人都有自己的诸神与魔鬼，自己的想象世界和传奇经历。关键在于，我们必须认识到，生活本身就是神话，而不是简单的因果联系的叠加。荣格认为，研读传统神话是为了放大我们心中的神话，让我们更容易领会它的主旨。

如果我们的想象力不够，生活的神话就只能盲目进行，即便身处神话的情节之中，也意识不到我们的角色。要跟随心灵，就必须改变这种情况。如果我们能意识到生活神话的情节，以及我们自己在其中扮演的角色，就可以顺应情节的走向，不至于为盲目和冲动所左右。写日记、吟诗、绘画、记录和解读梦境，这些与想象力有关的活动，都可以帮助我们融进生活的神话之中。

《蛙》中，有一处蛙的合唱，为生活神话提供了一个良好的意象。蛙是两栖动物，既能在岸上生活，也可以在深渊中生存。多亏它们的导引，狄俄尼索斯才能找到去冥府的路。为了享受生活神话中的心灵成分，我们也需要这种两栖的能力：既能适应平凡的生活，又能找到通往心灵深处的路径，去寻访人生意义与价值观的源头。

狄俄尼索斯抱怨蛙们太吵，蛙们就告诉他，它们都是太阳神阿波罗、司农牧的潘神和艺术女神缪斯的最爱——这些喜好音乐与诗歌的神祇，象征了人生中的诗意。如果我们不能体悟这种诗意，生活的神话就会退化成僵硬的原教旨主义。而一旦有了缪斯女神的佐助，神话就可以为日常生活带来智慧、洞察力和深度。

仪　式

历史上，仪式与神话总是紧密相连的。一个民族有了自己的创世神话，缔造出自己的神祇体系之后，就会制定各种仪式敬奉这些神祇。神话是用虚构的方式描述生活经历，而仪式则是用实际行动影响思想和心灵的。人们去教堂参加圣餐仪式，不是为了给身体提供营养，而是为了滋养心灵，丰富心灵地图。

　　仪式可能对现实生活并没有影响，但它对心灵的影响却是实实在在的。如果我们能放弃实用主义的态度，不去强求仪式的实际功能，就能让心灵获得更多的裨益。一件衣服可以有实际功能，也可以对心灵有特殊的意义。制作食物本身和用餐过程的象征含义，可以让晚餐变成一场仪式。如果生活中没有这些精心策划的细节，心灵就会慢慢丧失活力，心灵地图就会容易出问题。

　　值得注意的是，许多心理和精神上的疾病，都会表现为强迫性的仪式行为。有人每餐必吃某种特定的食品，通常是所谓的"垃圾食品"。有人一看起电视就没完，特别是在习惯了某个节目之后。内心极度混乱的人，经常会穿十分夸张的衣服，不自觉地念念叨叨，或是下意识地揉搓双手。这些无意识的行为，目的都是表达心中的某种情绪。我接触过一位男士，每当感觉邪恶临近时，他都要双手十指交叉，一个小时要重复好几次；还有一位女士，每说完一句话都要伸手去摸膝盖。

　　这些神经质的仪式，是否意味着想象力的缺失和心灵的荒芜？可以这样说，神经质的仪式所反映的，其实是真正仪式的匮乏，如果生活保持这样的状态，心灵就会同现实脱节。比如，神经官能症就是想象力的沦丧。我们说"生活如戏"，意思是某些原本只能在想象中发生的事情，现在却真出现了。

　　仪式能维持世界的神圣。如果我们所做的每一件事情，哪怕是涓滴小事都能浇灌心灵，那生活就会变得更加充实，更弥足珍贵。在梦中，小小的物件或许具有重大的意义，生活中也是一样，任何不起眼的小事都可以成为仪式。遵奉传统文化的人们，会在椅子和工具上镌刻精美的人像图案，因为他们懂得细节可以滋润心灵，也知道简单的事情同样能成为仪式。而当今社会盛行的大工业生产，制造出来的都是千篇一律、毫无想象力的产品，如果我们满足于这些产品，仪式就会丧失应有的地位，生活中的心灵成分也会遭到压抑。

传统是仪式的重要部分，因为心灵不仅需要个人经验，更需要先人留下的文化遗产。我们自己"编造"出来的仪式，有时并不合时宜，就像我们自己解析梦境一样，虽然符合我们自己的一套理论，却与永恒的真理相左。多年前，我曾遇到过一群修女，她们认为耶稣受难日的仪式太过沉闷，充满死亡气息，于是决定在那一天改唱复活节圣诗。如果她们对传统和心灵更有了解，或许就会意识到沉闷的、与死亡有关的情绪究竟有多么重要。如果我们希望提高仪式在日常生活中的地位，不妨从信仰与传统寻求帮助。

我们心目中理想的信仰，应该是重视传统甚于流行，这并不是保守主义，而是因为源远流长的传统，往往更能满足心灵多方面的需求。我们也可以在家中保存一些家族传统的象征物。当然，我们并不需要去寻找祖先的骨骸，只要一件纪念品、几张旧照片、几封往日的信件，就足矣。我们还可以选择石质的物件作为纪念，用来象征心灵的永恒。教堂里的蜡烛必须用蜂蜡制作，面包与酒类的选择也有严格的标准，这些做法都是可以借鉴的。

小时候，我曾在祭坛上见过一本做弥撒用的祈祷书，封面是用红色的皮革做的，书页用带流苏的宽边缎带扎起，与圣餐仪式有关的礼规是用红墨水誊写的，与别处用黑墨水写的文字形成了强烈的对比。直到今天，这些细节一直对我有所启发——我们也可以制定自己的礼规，用来规范对心灵具有特殊意义的行为。

当然，我提出这些例子，绝不是要大家浅薄地模仿。有些时候，人们执迷于仪式的具体过程，却忽视了心灵在其中的意义。仪式的真正目的在于激发想象力，滋养心灵，这样才可以使心灵地图得以完善。仪式注重的是"事效性"——依靠具体的行为来影响参与者的心灵，而不是"人效性"——通过执行者的意志来影响参与者。执行仪式的人，无论自己有什么样的动机和偏好，都应让位于仪式的传统性和客观性——这就是真正的仪式与肤浅的模仿之间的区别。

究竟哪些东西重要，并不是我们的主观意志决定的。只有既与我们的喜好和背景紧密相关，又能对我们的心灵有切实影响的行为，才具有仪式化的价值。荣格对石雕艺术的喜爱，既不是感性的也不是实验性的，而是完全出于真诚之心，所以才具有仪式性。但他的具体方法，并不适合所有的人。

我们都可以成为自己生活中的导师，为自己制定礼规，设立日常生活中的仪式标准，而不是在现代普遍观念的引导下，盲目追随社会学、商务和心理学的潮流。与其常年接受心理辅导，让别人告诉我们该如何为人处世、如何面对人际关系，不如沿着心灵地图为自己的生活添加仪式化的内涵，让心灵得到关怀。

心灵需要热烈的、完整的精神生活，正如身体需要食物的营养一般。古往今来，无数智者的观点和实际做法都印证了这一点。不过，这些智者的经历也提醒我们，信仰很容易让人陷入疯狂——要么跟一切不同信仰的人针锋相对，要么在信仰的改变上过于随心所欲，要么为自己的信念沾沾自喜，而不是从精神生活中寻找快乐和意义。20世纪的历史已经证明，神经质的、浅尝辄止的精神生活，很容易发展成心理疾病和暴力行为。精神的力量非常强大，而强大的力量，必然有正反两面。

第十一章
心灵与精神生活

　　心灵需要精神生活，精神也需要心灵的指引——内心深处的智慧，对生活的敏感，以及对整个社会乃至全世界的热爱。在精神生活中，我们追求意识、觉醒和至高的价值；在心灵世界里，我们体验最美好的经历和最沉痛的感情。这两个方向构成了人类生活的基调，而在某种程度上，它们又是互相吸引的。

　　我们生活在一个物质主义与消费主义的时代，一个价值观缺失的时代，一个道德标准正在经历重大转变的时代。在这样一个时代里，我们不禁怀念传统的价值观和生活方式，我们总是怀念"过去的好时光"。无论这种想法正确与否，我们都要记住荣格的话：怀念过去并不能解决当前的问题。他把这种怀念称为"人格的退化性恢复"。整个社会都有可能陷入这种怀念之中，甚至尝试恢复想象中的美好过去。问题在于，我们对过去的记忆，永远都带有想象的成分。我们总是在不知不觉当中，把曾经的艰辛岁月美化成"过去的好时光"。

我们必须抗拒这种怀念的诱惑，直面眼前的挑战。在我看来，我们的社会并没有忘却精神生活；相反，在某种意义上，我们对精神生活的追求甚至有些过度。要回归精神生活的真谛，缓解物质主义造成的麻木，关键不在于加强对精神生活的追求，而在于重新想象它的内涵。

费齐诺在 15 世纪末撰写的著作《生命之书》中提出，精神与肉体，宗教与俗世，精神生活与物质主义，都有可能陷入两极分裂的困境——我们越是沉湎在物质主义中，精神生活就越具有神经质的倾向，反之亦然。换句话说，现在这个疯狂追求物质消费的社会，之所以显出精神生活失控的迹象，是因为我们太喜欢用抽象而理智的眼光看待生活。费齐诺认为，心灵可以弥补两极之间的裂痕，让精神与肉体的对立不至于极端化，以致彼此彻底分裂开来。所以，要对抗物质主义的影响，就要在理智、情感和精神生活中引入心灵的成分。

广义上，精神生活的目的在于发掘人生中的不可见因素，以超越个人的、具体的、有限的世界观层面。宗教将我们的视野延伸到今生今世之外，即美国学者伊利亚德所谓的"彼时"，也就是超乎我们计算范围的另一种时间。宗教也关注今生之后的来世，以及生命中的至高价值。如此精神化的视角是心灵所必需的，因为它能为心灵提供宽广的视野、丰富的灵感和充实的意义，由此心灵地图得以显现。

精神生活并不一定具有宗教性。在某种意义上，数学也是一种精神性的活动，因为它对生活中的具体细节进行了抽象化。在阳光明媚的秋日林间散步，同样是精神性的活动，因为它可以让我们脱离惯有的生活，在大自然的怀抱里接受熏陶，从参天的古木中获得灵感。柏拉图主义认为，精神可以让我们超越人生的局限，让心灵从中获益。

我们对科技知识的追求，有时也会表现出过度的执着和偏狭，与某些一神论的宗教狂热如出一辙。崔西·季德的名著《新机器的灵魂》，并不是一本讨论心灵的著作，她在书中描述的计算机发明家和研发人员，是一群专心致志，浑然忘我，毕生追求科技时代的梦想，甚至不惜牺牲家庭生活的人。这些人是"计算机时代的苦行僧"，他们像旧时的僧侣一样，过着苦修的生活，沉湎于工作的精神之中，目的是创造一台能以光电手段重新诠释大自然的机器。计算机本身的功能，是将生活的具体细节提炼成数字与图表，这是一种精神性的过程，是对物质世界的解构和抽象化。中世纪的僧侣们用虔敬的态度抄写书籍，精心维护图书馆，目的同样是将世俗生活升华为知识与智慧。

将经验抽象化的过程，有可能给心灵带来重大的损失。如果我们试图用理智解释一切，日常生活中的无意识成分——我们每天都在经历，却一无所知的东西——就会被忽略。荣格认为无意识等同于心灵，所以，当我们追求完全的意识、试图解释一切、对没有确定答案的奥秘视而不见的时候，我们就会失去在日常生活中拥抱心灵的机会。理智喜欢"了解"，心灵则喜欢"惊奇"。理智是外向的，追求对一切事物的认知；心灵则是内向的，追求潜藏在事物深处的奥秘。

希尔曼指出，当我们的精神生活缺乏足够的深度时，就有可能脱离正轨，表现出极端的偏执和狂热。比如，许多个世纪以来，占星术一直与文学和宗教密不可分。荣格曾写过一本专著，论述占星术对基督教的影响，他在书中指出，基督教的起源，正好对应占星术中的双鱼座时代。在宗教艺术史上，与占星术有关的主题和意象十分常见，而且往往与教义和仪式中体现的奥秘密不可分。原本在宗教和神学中都有地位的占星术，在今天却沦为无聊的流行游戏，经常跟填字谜题一同出现在报纸的中缝上。这个小小的例子足以表明，我们的精神生活已经丧失了深度和内涵。或者，按照费齐诺的说法，我们的精神生活已经丧失了心灵。

原教旨主义及其"解药"——多神论

丧失心灵的精神生活，经常会转向阴暗面，转变成原教旨主义。这里，我指的并不是某些宗教团体或派系的主张，而是所有人都可能具有的一种心态。我们可以用音乐来类比原教旨主义的状态。假如你找一架钢琴，用力按下低音 C 键，你就会听到一系列的音符，无论你有没有意识到这一点。你会清楚地听到低音 C 调的音符，同时也必然会听到各种泛音——C 调、G 调、E 调甚至降 B 调。人生中也有类似的泛音——想象力的丰富性和多元性，而我所说的原教旨主义，就是指刻意压抑人生泛音的心态。

当我的学生们反对讨论海明威小说里的微妙影射——小说情节的泛音时，他们的心态就属于原教旨主义。曾有人告诉我，他梦见一条蛇一边直直地瞪着他，一边背诵《圣经》中的《雅歌》，而他觉得自己之所以会做这个梦，是因为前一天在后院发现了一条蚯蚓而已。这样的心态也属于原教旨主义。

这里涉及一条重要的法则，既适用于宗教精神，也适用于一切故事、梦境和图画。我们的理智需要的是概括性的意义，因为思维具有明确的目的性；另一方面，我们的心灵追求的则是深远的内涵、多重的意义、细微的差别和隐晦的暗示。这一切都可以增强意象和故事的立体感，为心灵提供充足的反思素材。

反思是心灵最大的乐趣之一。早期的基督教神学家不厌其烦，反复从各个角度讨论同一段经文的多重含义。任何一段经文，在字面意义之外，也包含讽喻的意义和神秘的、与死亡和来世有关的意义。例如，《出埃及记》的故事，经常被解读为一个寓言，喻示着心灵从原罪的禁锢中得到解脱，但这并不是故事的唯一含义。像这样解读《圣经》，算是一种"原型"阅读：不是把经文中的故事当作简单的道德训诫或信仰来陈述，而是把它们看成人生奥秘的微妙呈现。《新约》中的神迹故事，并不仅仅是耶稣具有神性的证明，也反映了心灵的神秘规律——心灵很容易接纳神性。我们究竟有没有办法，用几百条面包和鱼来滋养心灵，尽管现实生活中只有五条面包、两条鱼，正如耶稣在沙漠中所面临的情况一样？我们的婚姻能否让水变成美酒，就像耶稣在迦拿的婚宴上所做的一样？

　　从心灵的角度来看，众多教派对教义的不同诠释，正是基督教的生命力所在，任何大一统的企图，到头来都会威胁到基督教的本质。意大利的文艺复兴，正是以东西方教会之间的一场会议为开端的。为了筹办这场会议，许多富有想象力的人物从各地赶来，齐聚佛罗伦萨，经过一番观念的碰撞和交换，最终在古希腊思想和各地奇术的影响下，对基督教的生活方式做出了重新诠释。米兰多拉深受会议内容的启发，决心以"神学中的诗意"为主题写一本书，而佛罗伦萨的领袖美第奇则从此迷上了埃及的魔幻神学。

　　任何一个故事的心灵成分，都在于它所包容的多重内涵，无论它的来源是宗教还是日常生活。如果我们剥夺了宗教故事的神秘内涵，故事就只剩下了字面意义的空壳。一旦我们能接纳故事的心灵成分，就可以透过它探索自己的内心世界。原教旨主义总是用理想化、浪漫化的态度看待故事，拒不接受其中的疑虑、绝望和空虚。它让我们有机会偷懒，不必苦苦探索故事的含义，从中寻找自己的道德价值。宗教上的寓言故事，原本能加深我们对人生奥秘的理解，在原教旨主义下却成了逃避的借口，使我们不必承受选择、责任和变化引起的焦虑。原教旨主义的可怕之处在于，无论在什么情境下，它都能把人生意义冻结在坚冰之中，使我们安于浅薄的、一成不变的价值观念。

　　原教旨主义有许多种类型——对荣格或是弗洛伊德的追随，对民主党或是共和党的支持，对摇滚乐或是蓝调音乐的偏好，都有可能使我们陷入原教旨主义的圈套。其中有一种类型涉及我们看待个人经历的方式。比如，在这个心理学大行其道的年代，不少人都相信，生活中的许多问题是童年经历导致的。我们过于看重发展心理学，把今天发生在自己身上的一切都归罪于父母。倘若我们能够透过童年经历的表面现象，发掘其中的神话内涵，体味其中的诗意，或许这种状况就会改变。

不久前，我就遇到这种原教旨主义的小小例子。当时我正在办公室，电话铃忽然响了，我拿起听筒，听到一个清楚的、沉稳的女声："你好，我是乱伦行为的受害者，我想跟你谈谈。"

我愣了一下，那位女子表明身份的方式相当突兀——没有姓名，没有客套话，只用简简单单的几个字为自己归类。我当然明白，她肯定承受过深重的痛苦，我也很佩服她的勇气，就像一个与酗酒搏斗的人站出来说："我叫约翰，我是个酒鬼。"不过，真正让我惊讶的，是她说出"我是乱伦行为的受害者"这几个字时，那种平淡的、仿佛事不关己的口气。通过如此简单的开场白，她向我表明，乱伦的经历就是她的身份标志。听起来，这很像是原教旨主义者的信仰表白。当时我就想，如果这位女子成为我的患者，我该如何在处理她痛苦经历的同时，也解决她的原教旨主义心态？在不否定她痛苦遭遇的前提下，我们有没有可能透过她那个乱伦故事的表面，发掘其中的深层含义？她能不能获得解脱，成为一个真正独立的个人，而不仅仅是她童年故事的主角？她是否已经把乱伦看成无可避免的心理创伤，让它成为自己人生神话的一部分？

心灵地图感兴趣的是具体的细节，而不是一般性的概念。对个人身份的认知也是如此。如果我们认同自己属于"某一类人"——有某种症候，符合某种诊断，那么，就等于我们屈从于抽象的概念。心灵地图能提供强烈的个性意识——专属于我们自己的经历、故事、性格和命运。为了服务大众，避免出现混乱，心理医学体系不得不把人们归为精神分裂症患者、酗酒者、受害者等各种类别。然而，每个人都有自己独特的故事，不管其中包含多少普适性的成分。

因此，要关怀上面那位女士的心灵，首先要让她讲述自己的故事。她可以通过这种讲述来了解自己，从而摆脱对自己身份的武断定义。如果她沉迷于"乱伦受害者"的角色，不去发掘自己的人生奥秘，那又如何能找到自己的心灵地图呢？当然，她的痛苦经验的确非常重要，对她的人格成长造成了深远的影响；我并不是要否认这一点，而是想让她以更加复杂的方式，解读自己人生故事的深层次内涵，而不是单纯地认为，经历了这样的事，她的人生就算是毁了。

对于自己的人生故事，我们都有可能采取原教旨主义的态度——只注重故事的字面意思，全心全意相信表面上的结论。我们太熟悉这些故事的套路，以至于分辨不出属于自己个性的内容。这些故事如此可信，如此具有说服力，甚至变成了我们心中的执念。我们不妨剥开这些故事的外衣，探寻其中隐藏的种种含义，种种结构与风格，细节与矛盾——这并不是为了揭穿或贬低这些故事，而是为了让它们显露出更宽广、更深刻的意义和价值。

无论我们面对的是宗教故事，还是自己的故事，经常出现同样的问题——我们听到的往往是结论，是故事的中心思想或基本主题，而不是丰富、具体的细节。用荣格的术语来说，我们最需要的乃是故事的"魂"——鲜活的、生动的心灵。要发掘故事中的心灵成分，就必须破除我们心中固有的道德框架，用开放的态度去体味故事的意象，而不是用意识形态去束缚它、扭曲它。

心灵地图复杂的自我表现方式，正显露了它的幽深和微妙。当心灵产生某种感觉时，我们往往难以用语言表达，只能转向故事和意象。库萨的尼古拉认为，很多时候，我们别无选择，只能接受"谜一般的意象"。心灵地图所看重的是具体的关系，而不是理性上的认知，所以，经验在心灵中造成的影响，远比客观上的分析更难表达。正如古希腊哲学家赫拉克利特所言，心灵有自己的行动法则，永远处于演变之中，所以我们很难明确它的定义。

精神生活一旦与心灵的价值脱离联系，就会变得简单僵化，乃至独裁专制——这正是心灵沦丧的表现。瑞典导演柏格曼的杰作《芬妮和亚历山大》突出呈现了这一差别。片中，主角原本充满生机的家庭生活——满座的高朋，丰盛的食物，节庆的欢乐，以及种种秘密和隐情——与严厉僵硬的主教管束之下的生活，形成了鲜明的对比。影片的气氛从快乐、亲密、个性的张扬、家庭的温馨和归属感，迅速转变为灰暗、孤独、束缚、惩罚、恐惧、暴力、冷漠和逃离的欲望。主教的形象所代表的，显然不是精神生活本身，而是与心灵隔绝的原教旨主义宗教精神。事实上，即使是最崇高、最严谨的精神生活，也可以与心灵共存。美国宗教作家默顿过着隐居生活，却以幽默和爽朗的笑声著称。《乌托邦》的作者托马斯·莫尔立志苦修，常穿粗糙的硬毛修衣，但他也是个风趣的人，热爱家庭生活，喜欢结交朋友，在法律和政治两方面都深有造诣。可见，对心灵造成伤害的，绝不是精神生活本身，而是原教旨主义的狭隘态度。

　　精神生活有很多种类。我们最熟悉的是超脱的精神生活，它追求至高的理想和放之四海而皆准的道德原则，渴望从人生的种种限制当中得到解脱。这样的精神生活相当于金字塔的塔尖，而塔身所容纳的，则是心灵复杂多样的内在世界，就像柏拉图所描写的雕像：外表是一个人的面孔，内里却包藏着诸神。

　　一棵树，一只动物，一条小溪，一片丛林，都可以成为精神生活的关注焦点。一个地方的精神内涵，可以由一口井、一堆石头、地上的一幅图画标示出来。当我们为古战场，为华盛顿的故居和我们自己祖先的房子做标记的时候，我们进行的是纯粹的精神活动，是在向这些地方所代表的社会精神致敬。

　　家庭也可以成为精神生活的源泉和焦点。在许多文化当中，人们在家里摆放神龛和旧日的照片，用来怀念逝去的家庭成员。家庭聚会的仪式，亲友的来往，故事的讲述，相册和纪念品的保存，乃至年老的亲戚录在磁带上的回忆，都可以成为滋养心灵的精神活动。

主张"世间万物皆有神灵"的多神论宗教，可以引导我们在身边的世界中探寻精神价值。当然，我们并不是一定要成为多神教徒，才能用这种方式拓展精神生活。在文艺复兴时期的意大利，许多虔诚信仰基督教的著名思想家，都曾借鉴古希腊的多神信仰。

我们可以向古希腊人学习，在精神生活中崇奉阿耳忒弥斯。这位女神守护着森林、孤独、分娩的女性、年轻的女孩和贞洁的情操。通过阅读她的故事，欣赏以她为主题的雕塑和绘画作品，我们可以领悟大自然与我们本性的奥秘。在她的启示下，我们可以去探索动物与植物的世界，也可以离群独处，体验她所护佑的孤独。这样，我们就可以在生活中更好地体味孤独的精神，同时也更能尊重他人的孤独。

多神论也能引导我们，在最意想不到的地方找到精神生活，比方说阿弗洛狄忒所代表的性爱。性爱是心灵深处奥秘的根源，是一件真正神圣的事，可以成为塑造心灵最基本的经验之一。美色、肉体、欲望、化妆品、首饰、服装和珠宝——我们总是用世俗的眼光看待这些东西，但在阿弗洛狄忒的故事和仪式中，它们都具有宗教的内涵，都是神圣的。

在精神生活上，如果能摆脱原教旨主义的态度，避免简单僵化的道德观、一成不变解读故事的方式、压制个性化的想法和观念，那么，我们就能发现许多通往精神境界的途径。对精神生活的热衷，并不会阻碍心灵对肉体、个性、想象和探索的需求。最终，或许我们会领悟，人类的所有情感和行为，以及人生的所有层面，都可以在心灵深处的奥秘中找到根源，它们都是神圣的。

正式宗教的心灵成分

让精神生活与心灵结合的另一种做法，是从心灵的角度理解信仰的含义。在这方面，荣格又一次身体力行为我们提供了范例。1950 年，天主教会颁布了"圣母升天"教义，荣格对此深感兴趣。尽管他不是天主教徒，但对他来说，这一天对心灵相当重要。用他的话来说，这是"自基督教改革以来最重要的宗教事件"。他认为，这一举动不仅赋予了女性神圣性，而且进一步体现了人类生命中的神性。对于荣格来说，支持和反对这一教义的理性论调，几乎没有任何意义，他感兴趣的是圣母在法国路德镇显圣的记录。当地的孩子们，以及罗马天主教皇都见证了这一次显圣。荣格认为，圣母升天教义的颁布，反映了大众对神性与人性结合的需求，对世界各地的人们都有重要意义。

在与此相关的著作中，荣格引用了世界各地的文化传统，探讨了天主教的弥撒、传统文化中的顿悟、《西藏生死书》、《旧约·约伯记》等的象征含义，以及它们对心灵的影响。对于宗教故事和仪式，我们可以像文艺复兴时期的神学家们一样，既尊重我们文化中的宗教传统，又努力发掘其中的心灵成分。

正式宗教的教义、仪式和宗教故事，为我们提供了探索心灵奥秘的无尽素材。耶稣站在约旦河中受洗的故事就是一个很好的例子。故事的情境象征着人生中的重要关头——有些时候，我们会发现自己正站在时间与命运的滚滚洪流之中。天主教的教义规定，洗礼所用的水必须是流动的，在某种意义上，这象征着个人生活经验的川流不息。赫拉克利特曾把人生比作奔流的河水："万物都是流动的。"这些故事和观念可以教会我们，如何解读梦中出现的类似意象。

不管我们是不是基督徒，在读了耶稣受洗的故事之后，都有可能被触动。奔流的约旦河，象征了我们对人生完整性和使命感的向往，而在故事中，这种向往得到了上帝的祝福和护佑。文艺复兴时期的著名画家弗兰契斯卡曾描绘过这一幕情景，画上的耶稣站立在河水中，浑身散发着庄严的气息，而背景中另一个等待受洗的人，则正在脱衣服，他的姿态透出一种从容的优雅。我们都应该勇敢地踏进生活的洪流中，而不是追求绝对的安全，这就是画面的意象带给我们的启示。

宗教建筑也是精神与心灵和谐共处的佐证。欧洲各地的天主教大教堂，都有直插云霄的尖顶，仿佛即将远离地球飞往宇宙的火箭，彰显了对至高精神境界的追求。另一方面，这些教堂也不乏丰富的色彩，随处可见的雕像、浮雕、陵墓、地穴、壁龛、礼堂、肖像和圣所，无不反映出心灵的遐思、故事和幻想。这样的教堂是心灵与精神的结合，心灵与精神同样重要，彼此密不可分。

心灵与观点

我在某大学心理学系教授研究生课程时，要求学生们阅读弗洛伊德和荣格的著作，结果，不少学生抱怨这些著作太难懂。他们都有全面的心理学知识背景，有的已经开始参与研究工作，却为阅读心理学大师的著作而感到头疼。他们都曾通过教科书接触过这些大师的理论，然而经过教科书的归纳总结，大师们思想中的心灵成分已经消磨殆尽，余下的只有简单的观点和逻辑。弗洛伊德、荣格、埃里克森、克莱因等心理学家的著作之所以具有美感，正是因为其中的复杂性和内在矛盾，以及作者在字里行间流露出的个人倾向和观念，但这些内容在教科书里是找不到的。弗洛伊德和荣格的著作，都具有强烈的个人风格，这正体现了著作中的心灵成分。

有一天，我应邀参加一名心理学硕士生的毕业论文答辩。我读了她的论文，发现讨论部分十分简略，只有短短的一段。提问期间，我问这名学生，为什么她的论文课题讨论部分如此简短。其他答辩委员都惊讶地看着我，后来有人告诉我，论文中的讨论部分理应简短，因为过多的讨论会被视为主观臆测。"主观臆测"（speculation）这个词，通常用来指代缺乏量化研究和论证基础的观点，在学术上，这样的观点基本没有参考价值。然而在我看来，这个词很有积极意义，因为它带有心灵的成分。Speculation 的拉丁词根"speculum"是"镜子"的意思，带有反省和沉思的意味。尽管那名学生通过仔细的量化研究，赋予了课题"精神"，却完全没有考虑它的"灵魂"。她花了数百个小时收集数据，总结实验结果，却不肯多花些时间思考课题的深层含义。学术界认可她的做法，认为我的观点不符合现代的研究方法论。她通过了答辩，而我则得了个"不及格"。

理智总是要求脚踏实地的证据，心灵则更喜欢巧妙的见解、敏锐的分析、内在的逻辑和优雅的风格，以及步步深入、永远没有结论的讨论。它不会寻根究底，不会执意追寻明确的答案。即使对于已有定论的话题，它也要探究一番，特别是在与伦理有关的问题上。

中世纪的炼金术士们认为，对于潮湿、黏稠、沉积在坩埚底部的物质，必须要加热蒸馏，让某些成分蒸发和升华，另一些成分则得到浓缩。人生某些厚重的成分，也必须经过这样的蒸馏和升华，才能用想象力加以探索。这里所说的升华，并不是用理性取代感性和本能，而是对经验进行蒸馏，让它分离成思想、意象、记忆和理论。久而久之，这些成分自然会浓缩成我们的人生哲学，成为我们个人身份的一部分。

对心灵来说，真理永远是相对的。心灵总是在变化，总是处于反思和自省之中，从来不会用唯一的标准限定真理，因为任何标准都带有主观因素和想象力的成分。"真理"这个词与心灵并没有什么渊源，因为心灵追求的是洞察力。真理是静态的，是需要我们承认和维护的；而洞察力则是动态的，是意识的一部分，随时等待着更进一步的发掘和探索。理智总是坚守它所认定的真理，心灵则追求更加深入的洞察，二者结合起来，才能产生真正的智慧。

为了达到心灵与精神的双重境界，我们必须学会用心灵的方式思考。如果我们仅仅从理智出发，去寻求通往精神境界的道路，那就等于从一开始就抛弃了心灵。现代文化过于偏重精神性，却对心灵不管不问，所以我们要想为精神生活赋予心灵的深度，就必须彻底改变思考方式，重新认识心灵的种种特质——敏锐，复杂，世俗，含糊，永远达不到完整，永远处于变化之中。

有时我会听患者说，他们的情感和经历实在太复杂，复杂到让他们难以应付。我相信，如果这些人能透过表面的价值观，建立起自己的一套人生哲学，那无论面对多复杂的情况，他们都不会觉得难以应付。

我应该奉行素食主义吗？世界上是不是永远都会有战争？我能彻底摆脱种族歧视吗？对自然环境我应该承担多大的责任？我对政治的关注应该保持在什么程度？经常这样反思，可以帮我们建立起一套复杂的、有深度的人生哲学，提高我们的道德敏感度，让我们学会具体问题具体分析，而不是盲目遵从固定的价值观和人生原则。这也有助于完善心灵地图。

充实少年精神

探讨自恋问题时，我们曾分析过荣格和原型心理学所谓的少年心态，也就是心灵具有男孩或年轻男子气质的一面。这里所谓的"少年"，并不仅限于实际意义上的男孩、男性，或是任何年龄阶层，甚至不限于人类——例如一栋房子，如果它更多地表现出自恋的色彩，而不是舒适或实用性，那我们就可以说它具有少年气质。

少年气质具有不受世俗羁绊的特性，因而在宗教和精神生活中十分常见，比如希腊神话中伊卡路斯的故事。为了逃离迷宫，伊卡路斯与父亲代达罗斯一起，依靠蜡和鸟羽做成的翅膀飞上天空，然而他不顾父亲的警告飞得太高，结果翅膀上的蜡因太阳的高温而熔化，伊卡路斯坠海而死。

我们可以这样解读这个故事："少年"靠着精神的翅膀高飞远遁，逃离了错综复杂的人生。他逃得太远了，逾越了人间的范畴，所以太阳让他坠向死亡。我们追求宗教和精神生活，是为了摆脱凡俗世界的纠缠困扰，超越日常生活的束缚与乏味。

我曾亲身体验过神学院中的生活，那种远离尘世、潜心修行、无拘无束的感觉，的确令人神往。即使在今天，我有时也会怀念那段时光。当我下定决心放弃神职，回归世俗生活时，一位婚姻美满、有两个孩子的朋友来找我，要我重新考虑这个决定。很显然，他渴望着脱离尘世，摆脱家庭生活的羁绊。他不明白我怎么会放弃那样的日子。"你完全是自由的。"他说，"没有人依赖着你。"

精神生活的超脱不仅能给我们自由，激励我们的心灵，也容易让我们得意忘形。然而，急于逃离人生迷宫的少年精神，却有可能因为自身的飞升而熔化。我亲眼见过一些热衷于精神追求的年轻人，因为过度的自我剥夺，最终像伊卡路斯一样，坠入抑郁和执迷之中。追求精神生活的人，有些的确能将世俗的牵绊抛在脑后，但对另一些人来说，精神高空中的稀薄空气却充满了危险。振翅高飞的少年情怀，很容易与心灵失去联系。

珀勒洛丰是希腊神话中的另一个少年形象。他骑着有翅膀的飞马珀伽索斯，想要飞上天庭聆听诸神的谈话，结果也坠回地面，余生在凄惨中度过。他的故事体现了少年精神的另一个侧面——渴望了解不为人类所了解的知识。今天，我们经常听到自称"神灵附体"的人说："是上帝告诉我该怎么做。"他们指的并不是内心中的精神交流，也不是荣格所说的积极的想象力。他们的意思是，上帝明确地、特别地选中了他们，允许他们领悟常人所不知晓的秘密。这样的信念具有很强的自恋色彩，在信念的驱使下，他们很容易跟日常生活决裂。对精神境界的追求，的确能让我们更好地感悟人生，但若过度追求，就很容易落个惨淡的下场。

希腊神话中，少年法厄同试图驾着太阳战车横跨天空，结果化成一团火球坠落到地上。少年阿克泰翁在森林中游荡，无意中窥见正在沐浴的女神阿耳忒弥斯，结果变成了一只小鹿，被自己的猎狗撕咬扑杀。

谈论这些神话中的少年形象时，我尽量避免使用道德说教的口吻。对于神话故事中的惩罚，我们不应该单从字面意义上来理解，因为这样的情节只是为了表现某种行为会造成某些特定的后果。少年精神中存在着因果报应的成分，故事中少年人物承受的苦难，则反映了其中的阴暗面。如果你允许注意力四处游荡，就像森林里的阿克泰翁一样，你就有可能窥见常人难以见到的美妙景象，但这样的好运也会改变你的人生。故事中的少年遭到惩罚，只是说明，少年之心对于神性的追求，的确会对心灵产生影响。我们当然用不着逃避这种影响，但必须了解它的存在，知道精神境界的提升是有代价的。阿维拉的泰瑞莎是神秘主义的忠实践行者，她坚信人们的精神生活需要良好的、长期的指引。泰瑞莎告诫追随她的修女们，一定要仔细聆听忏悔者的告白，如果不想步阿克泰翁的后尘，被自己崇拜的女神变成一只动物，那就必须让精神活动在心灵中进行。

耶稣具有多方面的少年特质。他反复说："我的国不属于这世界。"他是一个理想主义者，努力推行博爱的思想。他也常说，他所做的是天父的工作，这凸显了他身为人子的形象。他的童年是脆弱的，同时也充满了权力与财富的诱惑，但他轻易抵御了这些凡俗的诱惑，这与另一位少年理想主义者——释迦牟尼的经历如出一辙。他违反自然法则，亲手创造神迹，这是任何少年都渴求的能力。他与同为少年的哈姆雷特一样，身负父亲交托的精神责任。他在山园中的祈祷，集中体现了他个性中忧郁的一面。最终，耶稣获得了超升，正如希腊神话中的那些少年人物；而他在十字架上所受的鞭笞和所流的鲜血，也同样是少年必经之苦难的写照。

耶稣的少年气质，以及他创立的宗教所具有的少年精神，也体现在他与自己家人的疏远上。有人告诉他，他的母亲正在寻找他，他却指着周围的人群说："这就是我的母亲和父亲。"耶稣与女性的关系，我们并不是很清楚，但他经常处在几位男性的陪伴之下——这也是少年气质的体现。他与现有的体制格格不入，与长者们——那些宗教领袖和导师——尤为不合。

沿着心灵地图，我们发现，少年精神赋予我们必要的理想主义，促使我们追求新的境界。没有这种精神，我们就无法承受社会生活的重压，更无法适应飞速发展的世界。然而，理想主义也会对心灵造成伤害，它高高在上，远远超越日常生活，自以为所向无敌，对凡俗生活的弱点和缺陷也丝毫不感兴趣。它不是拒人于千里之外，就是表面上对人亲切，身后却藏着一根大棒子。少年精神带有隐藏的虐待倾向，表面上你看不出来，直到突遭打击，才会意识到它的存在。

精神超升的过程本身，同样很残酷。一位男子曾告诉我，他梦见自己开着一架飞机，在老家的农场上空飞行。他的家人聚在屋前的地面上，打着手势要他降落，但他只顾一圈又一圈地绕着他们飞行。少年精神经常会与家庭的迷宫刻意保持距离，从心灵的角度来看，那个梦反映的就是这种情况。梦中，那位男子选择了纯粹的精神境界——天空，拒绝降落到地面，拒绝让心灵融进家庭的氛围里，而他的选择让家人很不高兴。这就像有些家长，发现子女加入极端组织之后，强行把他们带回家，试图矫正他们受到的影响。这一现象的原型，或许就是伊卡路斯与米诺陶——居住在迷宫中央的食人怪物——之间的矛盾。在神话中，米诺陶尤其嗜食少年男女，这正反映了家庭对少年精神的威胁。

有一次，我在一所教堂举办讲座，主题是梦的内容。在讲座的互动阶段，一位中年妇女起身发言。她说曾梦见自己正和家人一起爬山，山路十分险峻，有时还需要攀爬陡峭的岩壁。在山顶，她发现自己正用力拉着一条粗绳子，绳子末端挂着她的女婿，在空中飘来荡去。风灌进他的衣服，使他整个人膨胀了起来。她说出"膨胀"这个字眼时，并没有意识到其中的心理学含义。她很害怕，担心一旦她松手，他就会被风吹走。他却告诉她不要担心，因为他不仅很安全，而且很享受这样的感觉。她这才意识到绳子是松的，似乎没有断掉的危险。

我对这个梦很感兴趣，因为它反映了那位妇女的精神生活。在她生命中的这个阶段，她正在努力攀登精神的高峰，然而身为人母，她又通过家庭与现实世界保持着密切的联系。经过一番努力之后，她回归了母亲的角色，开始为她心灵的"女婿"——她的精神感到担忧。她不敢让精神自由飘荡，生怕它消失在风中。

在这里，我们遇到了另一个悖论——精神生活需要根基，而建立根基的最好方法，反而是信马由缰，让精神纵情遨游。在梦中，那位妇女的女婿并不担忧，担忧的是她自己。他很享受"膨胀"的感觉，而她却看得胆战心惊。为了追求精神的境界，她甘愿攀登艰险的山路，但她又不敢相信精神的轻盈和奔放。或许有一天，她将不得不面临比多年的潜心苦修更大的困难——她需要放开绳子，任由精神寻找它自己的平衡。她信任地面上的生活，也能满足它的要求；然而，她对精神展翅高飞的天空，却充满了疑虑和畏惧。

我们不妨稍微拓展一下梦的内容，我们害怕不受约束的精神伤害心灵，于是就用世俗责任的重担压制它，不让它展翅飞翔，殊不知，这才是真正危险的做法。在那位妇女的梦中，绳子是松的，绳子另一端的年轻人正在享受某种程度上的飞翔，但他并没有试图挣脱羁绊，飞向更高的天空。她误解了当时的情况，结果给自己造成了无谓的痛苦。这个梦支持了我一贯的观点，美国人害怕精神的飞升，害怕我们所不了解的天空，所以就求助于宗教，希望它约束和压制可能改变我们生活的精神。我们之所以去教堂，固然是为了追求精神生活，但也是为了限制它。殊不知，想让精神与心灵真正融合，我们就必须任精神飞翔，让它在天空中找到自己的乐趣。这也是心灵地图的要求。

按照 14 世纪德国神学大师艾克哈特的说法，"只要你愿意奉行上帝的意旨，只要你对永恒和上帝心存渴望，你就不会真正贫穷"。那位妇女不愿放开她的女婿，却没意识到，他可能是一位乔装改扮的天使。她登上了山顶，她的精神追求已经取得了重大的成就，然而，她仍然无法理解摆脱精神贫穷的奥秘——放弃一切恐惧、欲望和努力。

我们若不给精神足够的舒展空间，它就被迫以病态的形式表现出来，发展成各种邪教和骗术。要解决"少年"的问题，我们并不一定要转向他的反面，去向生命中的"老人"求助。我们只需要对少年精神予以足够的重视，给它必要的自由，直至它找到自己的内涵和分量，自然会落回地面。那位妇女对精神境界的渴求是合情合理的，只是因为怀疑和忧虑，她才试图去约束它。我们总以为精神需要理智的限制，然而她的梦表明，精神完全可以自己找到平衡，它有它自己的原则，知道界限在哪里。

信　仰

信仰是精神给予心灵的馈赠。心灵的信仰绝不会死守教条，因为怀疑是信仰的阴影，只有包容了怀疑，信仰才算得上完整。

我们对自己、他人和生活的信任，是否还需要证明？是否能包容不确定性的因素？有些人把全部信任都寄托在某一位宗教领袖身上，当他的行为不符合他们心目中的标准时，就觉得自己被辜负了。然而，如果我们从真正的信仰出发，决定信任某一个人，就用不着担心被辜负，因为"辜负"原本就是难免的，是信任必然投下的阴影。信仰固然会令我们脆弱，但只要我们足够自信，相信自己能够承受辜负与背叛的痛苦，就不必为此而担心。

无论何时，心灵的信仰至少包括两种态度——"信"与"不信"。从理智的角度看来，怀疑、焦虑和观念的变化，或许反映了信仰的脆弱，但对心灵来说，这些都是信仰本身的一部分。无论是信念的天使还是怀疑的魔鬼，在信仰中都可以起到积极的作用。

我们若无法容忍信仰中的不确定成分，就会走极端，要么自以为高人一等；要么对"辜负"我们的人嗤之以鼻；要么转向怀疑论的态度，拒绝信任任何事物。如果我们拒绝接纳信仰的反面，它就会离我们而去，并在我们的观念中表现出来："这样的人不能相信。""我很信任这个人，没想到他完全不值得信任。"把信仰单一化，只承认它积极的一面，必然会引发我们对他人和人生的怀疑。

不仅如此，这还会导致我们的信念浪漫化、幻想化，与现实生活彻底脱节。荣格为一位神学家进行心理分析时，曾经记录过他的一个梦。在梦中，那位神学家朝一个湖走去，而在生活中他总是尽可能远离那个湖。他走到湖边，一阵风吹来，湖面泛起了涟漪。醒来时，他心中满怀恐惧。荣格提醒他，梦中的湖或许象征着耶路撒冷的毕士大池。《新约·福音书》记载，曾有天使触碰过毕士大的池水，令池面泛起涟漪，毕士大池从此具有了医病的力量。然而，那位神学家却对此无动于衷。他不喜欢湖面上的波澜，也不愿把神学和现实生活联系起来。荣格对此的评论是，那位神学家虽然学识渊博，却认不清梦的象征意义与心灵渴望之间的关系。他心中想着："所谓的圣灵，乃是用来谈论的，绝不是可以在生活中体验的。"我们也可以夸夸其谈，对别人宣扬我们的信仰，然而，如果不能让自己有所触动，信仰就谈不上完整。

　　如果我们把信仰保存在信念的肥皂泡里，它就无法跟日常生活发生联系。我接待过的患者中，不乏虔诚的信徒，他们也以自己的"信仰"为荣，但在生活中却缺乏自信，也缺乏对生活的信任。事实上，他们所谓的"信仰"，只不过是与生活保持距离的借口。他们觉得自己的宗教信仰是绝对的，是他们人生的全部；然而，真正需要信任某一个人、某一段生活经历时，他们就退缩了。信念可以是固定的、一成不变的，信仰却必然是某种触动的结果，就像天使碰触池面引发的涟漪。天使加百列在贞女玛利亚面前现身，直截了当地告诉她，她已经怀有身孕，而且怀上的是圣婴。面对如此令常人难以置信的消息，玛利亚只是回答："愿照你的话成就在我身上吧！"其实，加百列也经常这样出现在我们面前，向我们指明生活的变化，要求我们无条件地接受与信任。

　　我的一位表姐曾经做过修女，有一次她私下告诉我，她的信仰经历过重大的考验。她在年轻时就加入了修道院，经历了好几年满怀热诚的宗教生活。在理想主义和好奇心的驱使下，她潜心研读神学典籍，努力用其中的理论改造自己的精神生活。不过，她也有一个非常"现实主义"的习惯——每当谈论神学和宗教思想时，她总是以开怀大笑收场，仿佛已经看透了生活的荒唐。

　　这种虔诚信仰与现实主义的结合，也体现在她的另外两种追求上。她用多年时间攻读物理学，取得了一系列学位，还在修道院开设的几所高中教授物理课程。她也研究佛教中的禅宗理论，进行坐禅的实践，而在那个年代，泛宗教主义依然为人们所诟病。

有一天，她被诊断出患了一种罕见的、痛苦的、致命的疾病。渐渐地，她不得不放弃教学工作，因为疾病给她造成了极大的痛苦和不便。她曾向多位医生求诊，从他们那里搜集关于病情的信息。有那么一段时间，她对那种疾病的了解可能比医生都多。只是，她仍然按照以前的习惯，把自己的生活安排得井井有条。她一边尽力照顾自己，一边用科学的态度研究自己的疾病。

然后，疾病给她的人生造成的冲击，终于彻底显现出来。她失去了信仰，尽管她一辈子都在追求精神境界，把自己的一切都献给了宗教事业。她告诉我，有一次住院期间，她处于极度的抑郁之中。她过去所相信的一切全都颓然崩塌，她觉得她这一生的努力算是完全浪费了。她找来一位神父，希望从他那里得到指引，但令她惊讶的是，他一听说她丧失了信仰，立刻转身走出了她的房间。她一直记得他的背影，当时他正推门离去，恨不能尽快逃离她的怀疑和抑郁。

她别无选择，只能深深陷在阴暗情绪的泥潭里。她从来没有想过，自己居然会遭遇如此严重的信仰危机。她原本以为，她的精神境界会不断随她的努力而提高，最多不过遇到一些小小的、容易解决的问题。然而，命运却把她引往另一个方向，那里没有任何精神境界可言，有的只是绝望。

就这样，她逐渐深入自己的内心世界，过去的精神追求，她所取得的成就，以及这些成就带来的满足，全都如过眼云烟一般消散了。没有人为她指路，她也不知道该去往何方。她的生活没有希望，甚至找不到一个人跟她聊天。她曾读到过东方哲学里"空"的概念，但在真正经历这种心境之前，她从没想到过它竟然如此荒芜。

然而，就在她的抑郁和绝望中间，她逐渐找到了一种新的信仰。初次意识到它的存在时，她不禁惊讶万分。她不知道该如何看待它，因为这与她过去追求的信仰完全不同。然而，在这种全新的信仰中，她的心灵回归了宁静。她不再渴望别人的安慰，无论是神父还是别的什么人。她说，自己很难描述这种信仰，因为它完全不符合她原先对信仰的定义。这种信仰是她一个人的，与她的个人身份和个人经历密不可分。在孤身一人的时候，她终于找到了她真正需要的东西。

这就是心灵的经济学：要步入思想、情感和人际关系的全新境界，必然要付出高昂的代价。这也是心灵地图所暗示的。在梦中，这一规律有时会通过金钱的意象表现出来。做梦的人把手伸进口袋，掏钱交给列车售票员、盗贼或是商店老板。在神话中，来到冥界入口处的人同样要交买路钱，才能继续前行。我的这位表姐，也在忘川岸边付出了昂贵的船钱——她不得不放弃了一直以来的坚定信念，以及原先那种精神生活的快乐。因为只有原先的信仰彻底崩解，才能给新的、完整的信仰腾出空间。

人类的痛苦和失落之中蕴涵的奥秘，是无法完全用理性解释的，只能在信仰中身体力行。痛苦会逼迫我们把注意力转向原先忽略的方向，让我们看见许多过去看不见的事情。我的表姐一直把全副心思放在对精神境界的追求上，直到疾病成为她人生的转机，迫使她摘下精神生活的有色眼镜，近距离观察自己的心灵。最终她发现，信仰并不仅仅来源于高远的精神境界，也来源于心灵的深渊——每个人心底最私密的地方。她所发现的，是许多神秘主义者都曾指出过的事情：无知是信仰必不可少的一个层面，也是心灵地图的一个侧面。库萨的尼古拉曾说，我们必须学会无知，回归对世界、对自己毫无知晓的状态，只有这样，才能领悟到信仰的真谛。

天作之合

面对生活的艰难困苦，我们总希望得到精神上的解脱；在祈祷和冥想中，我们则期望充实满足的生活。荣格常说，心灵与精神能够达到某种神秘的结合，他把这种情况称为"hieros gamos"，意思是"天作之合"。不过，要达到"天作之合"并不容易。精神喜欢独来独往，好高骛远，一意追求完美；而心灵则常常陷在阴沉的情绪、糟糕的关系和偏执的成见之中。所以，想找到自己的心灵地图并不容易。这两者若想顺利结合，就必须学会彼此承认，彼此欣赏，接受彼此的影响——心灵用它的局限调剂精神的崇高追求，精神则用它的理念搅动心灵的想象力。

"天作之合"正是济慈所描述，希尔曼所推荐的"缔造心灵"的过程。缔造心灵的旅程，需要我们的时间、精力、技巧、知识、灵感和勇气。一切与心灵有关的活动，无论是炼金术、朝圣抑或冒险，着重的都是过程而非结果，所有的目标都是启发性的，重点是激发我们的想象力，而不是达到某种确定的结果。这也是找到心灵地图的秘诀。

在文学作品中，通往神性和完美的路径，往往被描述为一次攀登。攀登或许包括不同的阶段，但目标总是明确的，方向是固定的，道路是笔直的。心灵的路途则完全不同，它可以是一座迷宫，到处都是死路，出口由一头怪兽把守；它也可以是一场冒险之旅，目标虽然明确，路途却无法预料。奥德修斯被称为"命运多舛之人"，这正是心灵之路的写照，就像德墨忒耳四处寻找她的女儿，甚至亲历冥界，最终才让大地复苏；崔斯坦一面弹奏他的竖琴，一面乘着无桨无舵的小船在大海上漂流。

在心灵的旅途上，情境、地点和出现的角色都很重要。这样的旅程，更像是复杂人生的入门仪式，而不是寻找答案的简单过程。心灵在坎坷崎岖的路途上艰难前行，总是没有明确的目标，总是被看似无关的事情吸引。济慈的长诗《恩底弥翁》，对心灵之旅做出了生动的描述：

然而这正是人生：战争，功绩，

失望，焦虑，

想象的挣扎，无论远近，全是人生。
这些都有美好的一面，
仍然是空气，精巧的食物，
让我们感觉到生存。

这就是心灵之旅的"目标"——"感觉到"生存，直接体验人生，而不是去"克服"人生的焦虑和痛苦。精神方面的追求，有时会被描述为追随别人的足迹——耶稣是道路、是真理、是生命，而菩萨的生活则是另外一种道。然而在心灵的冒险征途中，在它的迷宫里，我们却感觉，这条路从未有人走过。接受心理治疗的人常问："别人是不是也有过这种经历？"医生若告诉他们，这些心灵的小径已经有无数人走过，他们就会松一口气。另一些人则会问："你认为我走的是正路吗？"

我们唯一要做的事，就是身处这个时间、这个地点，体验这一段经历，无论是用清醒的意识观察周围的世界，还是在神秘与未知的阴影中安然自得。正如奥德修斯知道自己要回家，却在一座圆形的、找不到出路的岛上，在女妖喀耳刻的床帏间度过了数年时光。

很多时候，心灵其实是在漫无目的地游荡，心灵地图也因此扑朔迷离。心灵之路混合了知识与无知，高远的理想与神经质的怪癖，日常生活的细节与高层次的意识。所以，当我们给朋友打电话，诉说近来的不顺心之处时，我们的心灵之旅就又绕过了一道弯。在我们体验人生烦恼和缺憾的过程中，心灵会逐渐变得更开阔、更深邃，正如我那位表姐在病中经历的那样。对心灵来说，这就是神秘主义所谓的"消极之路"——放弃对完美的追求，才能步入神性的领域。

荣格对个体化过程的定义，也可以看作对心灵之路的描述。我曾听见读过荣格著作的人彼此询问："你完成个体化了吗？"——仿佛个体化是心理治疗的成果一样。事实上，个体化并不是追求的目标，而是心灵经历的一种过程。个体化的重点，在于强调与众不同的个性，重视与心灵有关的活动。"我"的所有天赋、缺陷和努力，经过炼金术所谓的"聚合"与"凝结"过程，最终会形成"我"这个独一无二的个体。库萨的尼古拉曾写信给一个叫作朱利安诺的人说："在你身上，一切事情都会'朱利安诺化'。"我们每个人在努力沿着心灵地图前行的过程中，其实也是在创造一个属于我们自己的"微观世界"。我们承认和接纳生活的种种可能性，让它们成为人生经历的一部分，而就在这一过程中，我们的个性也得到了彰显。一个人的一生无论长短，都反映了广义上的人性和人类的精神理想，尽管这种反映必然是不完美的。神性——耶稣的躯体、佛陀的本性，可以在我们的复杂个性，乃至我们的缺陷和愚蠢之中得到体现。在凡俗生活中，神性经常会表现为疯狂，而我们则成了上帝的傻瓜。

我见过的对个性化最好的解释，是希尔曼的著作《分析迷思》中的一段：

（这样的）人是透明的、愚蠢的、没有秘密的，他的透明源自自我接受；他的心灵为他所爱，完全显露出来，完全具有存在性；他就是他自己，不会因偏执而隐匿，不知道自己的秘密，也没有秘密的知识；他的透明折射出世界与非世界之间的区别。你永远无法通过回忆认识你自己，只有到了盖棺论定的时刻，我们的真实身份才会显现，只有上帝知道我们的真名。

在心灵地图中，心灵之路同时也是傻瓜之路，因为在这条路上，我们不会假扮出我们不具备的个性与自我了解，更不会故作完美。我们在这条路上取得的唯一成就，就是库萨的尼古拉等神秘学者所说的"绝对的无知"，也就是济慈所谓的"消极感受力"——"存在于不确定性、奥秘与怀疑之中，不去追求恼人的事实与理智。"

透明的世俗生活，能够折射出精神生活的境界。当我们变得透明，映射出自己的真实形象，而不是希望自己成为哪种形象时，人生的奥秘就会短暂地呈现在我们身上。

在心灵之路上，如果我们想将阴影隐藏起来，必然会造成不幸的后果。要想炼出心灵的瑰宝，就必须把所有的激情作为原料。在炼金术中，要得到黄金或是孔雀羽毛这样宝贵的东西，就要耗费相当多的原料。然而，如果我们能承受人生可能性的全部重量，将它作为心灵生活的原料，那么在心灵之路的尽头，我们就会发现，永恒的意义其实就存在于我们的心灵与生活之中，好比复活节岛上的神像、英格兰南部的巨石阵一般。这样，我们的心灵就会无比坚实、无比沧桑、无比神秘，让我们的存在焕发出神性的光芒。我们就是那神圣的傻瓜，敢于因生活而生活，敢于面对人格中的不完美。

在《回忆、梦与反思》中，荣格写道："人在遇到挑战时，要带着他全部的真实性去应战。只有这样，他才称得上完整，上帝才能诞生。"

精神生活一旦与心灵或是日常生活分离，就无法取得真正的进展。上帝委身为人的时候，无论是人，还是上帝自身，都获得了完整的意义。神学中的"降临"之说表明，上帝认可人类的不完美，因为这种不完美自有其价值和奥秘。**我们的抑郁、嫉妒、自恋和缺陷，并不会影响我们的精神生活。事实上，它们是精神生活所必需的。**只要处理得当，它们可以防止精神飞得太高，进入完美主义和自我陶醉的危险地带。更重要的是，它们可以在精神世界中播下自己的种子，与穿越群星降临世间的灵魂种子合而为一。精神与心灵的天作之合，是天与地之间的结合，也是我们最高远的理想和追求同最低俗的症候与怨念之间的结合。

艺术与心灵

Care of the Soul

第四部分

艺术家的谦卑，表现在他对所有经验的
坦诚接受上，艺术家的爱则体现在美的
意识中，向整个世界呈现它的形体和心
灵之美。

——王尔德

第十二章

世间万物皆有心灵

　　前不久，我去参加一场天主教弥撒。在领圣体仪式上，一段古老的祷文让我很吃惊。那段祷文我非常熟悉，拉丁文原文的意思是："主啊，只要你说一句话，我的心灵就会痊愈。"而英文译文变成了："主啊，只要你说一句话，我就能得到痊愈。"二者的差别显著说明了一个问题：人们意识不到自我与心灵的区别。许多人把跟随心灵理解成一种自我提高的方式，对象更偏重自我而非心灵。然而，心灵与自我是完全不同的。

　　心灵存在于我们的个人情境和认知之外，是个人与社会深不可测的内涵，包含了造就我们身份的诸多奥秘。文艺复兴时期的占星家们认为，我们的心灵，我们内心深处蕴藏的奥秘，是万物之灵的一小部分。心灵不单单是我们的专利，我们门前的树，树下停着的汽车，都具有自己的心灵。

　　现代人习惯把人体视为一部机器，把思想视为一系列生化反应的结合，把人类世界视为人类智力与科技创造的奇迹。如果我们抱着这样的态度，万物之灵的概念自然就显得不可思议。即使是这样，有时我们仍会本能地觉得，世间万物都有自己的生命。通常情况下，现代心理学会把这种直觉解释为一种投射——我们在潜意识中把自己的幻想投射到"无生命"（inanimate）的事物上。Inanimate 的意思就是"不具备 anima"，也就是"不具备心灵"。

这种观点的问题在于，它会让我们深深沉溺在自我之中："所有事物的生命和个性都是我赋予的，都发源于我的思想和经历。"这样的态度与承认事物本身的生命和个性，是截然不同的两种概念。

希尔曼与萨尔德洛都是对心灵研究颇深的现代心理学家，他们认为，不会说话的事物可以透过与众不同的个性，表达它们的心灵。例如，动物的心灵体现在它独特的外貌、行动方式和生活习性上，其他事物也是一样。一条河流的力与美，让我们感到情不自禁的敬畏；一栋造型独特的建筑物矗立在我们面前，跟我们一样具有鲜明的个性。

我们都知道，大自然对人有深远的影响。一座山峰可以成为个人、家庭乃至社区的情感核心。我的曾祖父母从爱尔兰移民美国，定居在纽约州北部的乡下，在那里建了一座繁荣的农场。他们饲养很多家禽和家畜，栽种各式各样的农作物，精心照料果园。他们建造的房屋外观优雅，里面挂满了旧日的画作和照片。小客厅墙边放着一架自动钢琴，厨房则成了主要的社交场所。屋前那两株高大的栗树，五十多年来一直为家人和访客提供着树阴和美景。

不久前，我和几个堂兄弟结伴，回去探访故居。农场已经卖给别人，谷仓坍塌了，彻底湮没在灌木丛中，就连房子都被四周长出的野草遮盖住了。只有果园还在，而那两株栗树也还保持着过去的雍容典雅。我跟堂兄弟们谈论着那两株树，回忆着当年炎热的夏日里，坐在树下聊天讲故事的那些人。有一位叔父曾经从树上斜切下一根小枝条，把切面上马蹄铁状的花纹指给我看，然后告诉我，这就是为什么它叫"马栗树"。

要是有人砍掉了那两株树，那我和许多亲戚都会伤心，不仅因为那两株树象征着昔日的时光，也因为它们是有生命的，散发着美和记忆的气息。毫不夸张地说，那两株树已经成了我们家庭的一部分，尽管与我们不属同一个物种，却属于同一个群体。

人造的东西同样具有心灵。我们也可以跟它们建立深厚的关系，在它们身上找到特别的意义、真诚的价值和温馨的记忆。一位邻居曾打算搬到另一个镇子上去住，但孩子们舍不得家里的房子，说什么也不答应搬家。我们都曾体验过这种依恋之情，却很少把它放在心上，如果我们认真看待事物的美与个性，以及它们表达美与个性的能力，就能建立起心灵的生态学——出于理解与欣赏，对周围事物负责的态度。如果我们对周围的事物怀有感情，就不会污染环境，不会留下丑陋的记号，不会允许美丽的海洋变成人类的下水道，因为那是对万物之灵的侵犯和亵渎。我们若能尊重事物的心灵，就不会用恶劣的态度对待它们。

我所描述的这种感情，并不是理想化的矫揉造作，而是对万物之灵的认可与接受。我们不可能不带任何感情成分，只凭理性去"爱惜"大自然，因为任何真正的爱都需要感情，需要时间的培养和精心的呵护，需要开阔的胸怀和诚挚的态度。

心灵的生态学只能发源于心灵深处，因为心灵所注重的是细节。道理非常简单：如果你不爱身边事物的细节，你就不可能爱整个世界，因为世界只能通过具体的事物体现出来。万物之灵包容了一切事物的心灵成分，所以，心理学作为一门与心灵息息相关的学科，也离不开与一切事物的联系。心理学与生态学的研究领域，最终会重叠在一起，因为跟随心灵就是关怀整个世界。

让我们再来看看"生态学"（ecology）这个词，它的词根"oikos"具有"家园"的意思。从心灵的观点来看，生态学与其说是一门"地球科学"，不如说是一门"家园科学"，其目的是指导我们在任何生存环境中建立起"家园"的概念。我们周围的事物，都是家园环境的一部分。心灵的生态学必须建立在这样的观念上——这个世界是我们的家园，我们之所以对它负有责任，不是因为义务或逻辑，而是出于真正的感情和关怀。

如果对事物缺乏真诚的感情，我们对世界的态度就会变得麻木，从而丧失这个重要的家园。城市街头无家可归的人们，反映了当代社会心灵的沦丧。我们生活在一个没有心灵的世界里，跟周围的事物都失去了联系。我们总以为孤独是别人造成的，事实上，我们自己同样有责任，因为我们疏远了世界的心灵。人们之所以无家可归，并不仅仅是经济原因，而是社会和文化的态度所致。

所以，关怀我们家中的房屋，也就等于跟随心灵，无论这房屋是多么简陋。即使没有什么钱，我们也一样可以美化我们的家。无论我们居住在哪里，都应该关心和爱护社区，因为社区是我们家园的一部分。

每一个家都是一个微观宇宙，是由一块土地、一幢房子或一间公寓构成的整个世界。传统文化中的房屋装饰，经常采用日月星辰的图案，以及代表苍穹的圆顶，来象征房屋的原型本质。英国伦敦的莎士比亚环球剧场，是地球的缩影；我们每个人的家都相当于环球剧场，发生在家里的事，就是发生在我们的整个世界。

费齐诺建议我们在家中布置象征宇宙的陈设，这样我们就不会忘记家与世界的关系。例如，我们可以在家中摆设一个宇宙模型，或是在卧室天花板上绘制一幅星辰图。直到不久以前，我们还习惯在室外厕所的墙上雕刻弯月的图案。时至今天，象征宇宙的建筑设计已经很少见了，最多只剩下某些高楼的尖顶。

美国新墨西哥州的祖尼族印第安人，用他们的神话诠释了宇宙家园的观念。在他们的创世故事里，他们村子的位置，是由一只水黾——一种在水面上飘行的昆虫——确立的，它伸展开肢体，横跨整个美洲大陆，而它心脏的位置就是祖尼人村子的位置。我们都可以为自己的家园创造类似的神话，讲述它是如何对应着我们那颗动物之心。祖尼人的家园颂歌，体现了家园的另一个奥秘——家既是一个具体的地方，又是整个世界。他们唱道："祖尼下雨的时候，全世界都会下雨。"如果我们也能如此深刻地理解家园的概念，就有希望建立起真正属于心灵的生态学。

心理病理学

万物既然具有心灵，当然也会遭受痛苦，或是出现精神异常，这就是心灵的本性。所以，关怀自己的心灵，就要留心周围的事物，一旦发现它们有任何不适，就加以精心照料，直至它们恢复健康。萨尔德洛曾提出，我们应该为每一栋建筑物派驻一位心理医生，专门负责照料它，他说的不是建筑物内的居民，而是建筑物本身。他之所以提出这样的建议，是因为我们通常不会关心周围事物的健康状况，而是任由它们遭受人类的糟蹋和漠视。人们并没有意识到，我们的病痛在很大程度上是周围事物状况的反映。

从万物之灵的观点来看，我们的心灵与世界的心灵是不可分割的。如果整个世界的精神都不正常，我们自然也无法幸免。我们之所以情绪低落，可能是因为我们在一栋情绪低落的建筑物里生活或工作。旧时的书籍插图，例如 17 世纪占星家佛洛德绘制的图像，其中就有图像表现上帝正在为创造天地用的六弦琴调音，而天使、人类和世间万物都在琴弦上。我们的生命会与周围的事物产生共鸣，仿佛同一个音调上的不同音阶。我们心脏跳动的节律，与物质和精神世界的韵律和谐一致。我们的命运和际遇，总是与世间万物纠缠在一起。

萨尔德洛从万物之灵的角度提出的问题，的确值得我们深思，侵袭我们身体的癌症与腐蚀我们城市的毒瘤，在本质上究竟是不是同一回事？我们自己的健康与整个世界的健康，是不是彼此一致的？我们总以为世界是我们的敌人，用各种毒素和疾病攻击我们，最终把我们拖向死亡。然而，如果世界的心灵与我们的心灵是一体的，那我们在糟蹋周围的事物时，也就是在糟蹋我们自己。要想开发出真正有效的生态保护方案，就必须同时清除我们内心中的污染；要想通过心理治疗等手段让生活重回正轨，我们就必须同时治愈整个世界的痼疾。

要关怀自己的心灵，就必须关心整个世界所受的苦难。在美国的很多城市，街道和公共场所堆满了废弃物——废旧的轮胎、电器、家具、废纸、生活垃圾以及生锈的汽车。房门用板条钉上，窗玻璃被砸破，木料在腐朽，周围杂草丛生。我们总是觉得解决这些问题的关键在于解决贫穷问题。然而，为什么不替这些被遗弃的东西着想，而是眼睁睁看着它们生病、破败、走向死亡呢？我们丧失了与世界的联系，这才是问题的症结所在。为什么周围的世界如此凄惨破败，我们却无动于衷？

城市里堆积的垃圾，公路两旁林立的广告板，遭到无情破坏的古老建筑，野草般疯长的廉价公寓和商厦，这些东西以及无数类似这样的现象，都显露出一种愤怒，一种针对整个世界的愤怒。当人们拿着喷漆罐，在电车车厢、地铁站、过街天桥和人行道上肆意喷涂时，他们发泄的对象显然不是社会，而是这些事物本身。若要理解自己与世间万物的关系，就必须找出这种愤怒的根源。

那么，我们的文化为什么对周围的事物如此愤怒？为什么要对世界发泄这种愤怒，而不是把世界建设成美好的家园？答案之一是，当我们与心灵失去联系，无法体会长久乃至永恒的意境时，就会苦苦渴望理想的未来，甚至追求永生。很多事物的寿命都比人类长，有些事物甚至可以历经好几代人的时光。古老的建筑代表了过去，一个不属于我们的时代。我们在对自我的痴迷中幻想着永生，而过去的时代却是对这种幻想的无情奚落。据说，以追求生产效率著称的工业大亨福特曾说，一切历史都是胡扯。我们一心只想建立一个全新的世界，追求无限的增长和进步，而过去则成了我们的敌人，因为它一再提醒我们死亡的存在。

对增长和进步的追求会蒙蔽我们的双眼，让我们无法认清心灵的永恒属性，以及它对自我极限的超越。心灵喜爱过去，这里所说的过去不仅包括正式的历史，也包括故事、传说和遗迹。柏拉图本人和文艺复兴时期的柏拉图主义者们，都认为心灵具有预言的能力，能够同时感知过去、现在和未来，这样的感知超越了普通的意识。之所以否定过去，是因为我们眼里只有现在，如果我们能把关注的重点从自我转移到心灵上，就可以摆脱这种偏见，重新唤起心灵对古老智慧和传统生活方式的认同。

我们对事物感到愤怒的另一个原因，是觉得它们不再有用了。城市街头的垃圾堆里，有许许多多都是过时的或者损坏的器具。如果我们只重视一件东西的功能，那当这种功能消失时，我们就会毫不留情地抛弃它。然而，旧东西总有一天会向我们展示，它们也是有心灵的。我居住的地方，有许多古老的小农庄。在这些地方，我经常看到那种用马拉的旧式耙子，优雅地躺在牧草地上，还有半边倾圮的老旧谷仓，以及坍塌得只剩下外墙的房屋。这些都是过往时代留下的痕迹，在我眼里，它们都焕发着心灵的光彩。

美国景观历史学者杰克逊在论文《遗址的必要性》中，提出了一个重要的观点。他说，衰颓中的事物，体现了出生、死亡和救赎的宗教三部曲。换句话说，我们拥有的东西必然会死亡，就像我们自己一样。我们有时会自欺欺人，幻想某种东西可以无限使用下去，其实我们心里清楚，任何东西的使用寿命都是有限的。我们不愿让自己拥有的东西死亡——丧失其功能，一旦它们死亡了，我们就会觉得愤怒。然而，这些东西的存在反而提醒我们，任何事物都会腐朽。我们不尊重过去，它就只能以愤怒的形式表现在我们身上。我们不记得过往的日子，因此，那些日子留下来的东西就胡乱堆在我们的街道上。杰克逊指出，"纪念碑"（monument）这个词在语源学上具有

"提醒者"（reminder）的含义。我们丢弃的垃圾是提醒者，提醒我们不要忘记过往的日子。

心灵需要悉心照料，这是心灵地图最基本的原则。如果我们对处于痛苦和颓败中的事物不加照料，认为它们既然不是人类，自然不会感觉到痛苦。而我们既然不相信它们的痛苦，就只有替它们承受这种痛苦。

丧失了功能的事物，依旧可以成为历史的象征，而历史对心灵大有裨益。我们用古董装饰房间，为它们设立专门的博物馆，是为了寻觅其中的心灵成分。在一个拒绝承认死亡的世界中，生命力得不到真正的体现，因为死亡与生命原本就是同一枚硬币的两面。死亡还有可能会以更直接的形式表现出来。例如，我们丢弃的垃圾变得越来越阴森可怖，我们甚至无法将它们掩埋。这些垃圾毒害着我们的世界，而其中毒性最强的，是那些在制造时就没有考虑过死亡的物件。我们尝试制造永存不灭的东西，却不知道这是对复生与永恒的亵渎。这些东西丧失了功能以后，仍然固执地不肯离去。在吉尼斯 1951 年主演的电影《白衣人》中，有人发明了一种白色的衣料，特点是永远不会弄脏或磨损。最初，这种衣料似乎成了全人类的福音，宣示了科学技术的胜利。然而很快人们就发现，这种永存不灭的衣料其实是一种诅咒，因为它剥夺了工人们的谋生手段，以及生产过程的心灵成分。毕竟，"生产"一词的原义是"用双手创造"。

旧日的遗迹，比如我家邻居农场上的古老农具，告诉我们这样的道理：一件东西在丧失了功能之后，依然保持着某种特别的美。功能会掩盖事物的心灵成分，而在功能不复存在之后，心灵就会显现出来。心灵与功能无关，它所代表的是美、形态和记忆。雕塑家奥本海姆有一次突发奇想，在茶杯内侧铺满了毛皮，令她始料未及的是，她的作品在艺术界引起了轰动。因为她发明了一种革命性的方法，通过故意消除事物的功能，来凸显它原本具有的个性。对心灵来说，她的发明具有相当重大的意义，因为这一理念打破了人们对事物功能的认识。

就像人一样，当一件事物被贬低到只剩下实用功能时，它就会蒙受痛苦。因此，本着跟随心灵的态度，我们在看待事物时，应该更重视它的本质，而不是只关心它的功能。在这方面，艺术可以帮助我们，重新发掘事物的美学价值——无论是奥本海姆的茶杯，安迪·沃霍尔绘在画布上的罐头盒，还是丢勒作品中那充满禅意的鞋子和干草堆。为了关怀周围事物的心灵，我们必须尊重形式一如尊重功能，尊重衰颓一如尊重创造，尊重质量一如尊重效率。

美：心灵的面貌

历史上，有一些思想流派特别重视心灵，例如文艺复兴时期的柏拉图主义者，19 世纪的浪漫主义诗人等。值得一提的是，这些重视心灵的学者文人们，不约而同地强调过某些主题——事物之间的关联、个性、想象力、死亡与欢愉，以及美。

在漠视心灵的社会中，美往往被视为最不重要的东西。例如，现代学校通常把物理和数学作为最重要的科目，因为它们最能推动科技的进展。学校一旦削减经费，最先被开刀的必然是人文艺术学科。这表明，现代人认为艺术可有可无——我们的生活离不开科技，但是没有美我们一样活得下去。

这种认为美可有可无的心态表明，我们并没有认识到满足心灵需求的重要性。美能滋养心灵，正如食物能滋养身体一样。我甚至可以这么说，如果生活中缺少美，我们的心灵就有可能表现出各种心理疾病的症候——抑郁、偏执、瘾疾和人生意义的缺失。心灵对美充满渴望，如果这种渴望得不到满足，就会出现希尔曼所谓的"美的神经官能症"。

美以它特殊的存在方式助益心灵。例如，美能吸引心灵的注意。有些时候，心灵需要脱离忙碌的现实生活，思索永恒的、超乎时间的主题。心灵的这种需求，拉丁文中称为vacatio，意思是"脱离责任的自由"——从日常生活的责任中解脱出来，享受片刻的沉思和新意。有时，你驾车行驶在公路上，忽然间，车窗外的美景吸引了你的注意，你不由得停下车，在外面站上几分钟，欣赏大自然。这就是美对心灵的召唤，顺从于这种力量，就可以满足心灵的需求。人们谈论美的时候，可能会把美描述得虚无缥缈，然而从心灵的观点来看，美是日常生活不可或缺的一部分。每一天，我们都能找到合适的机会让心灵接受美的滋润——哪怕是在商店的橱窗前驻足片刻，观赏一枚精美的戒指或是一件风格鲜明的衣服。

波提切利的名画《春》，描绘了美惠三女神绕着圈子翩翩起舞的景象。一些学者认为，这三位女神分别代表了美、贞淑与欢悦——文艺复兴时期的人生三大意境。要是放在今天，她们又能代表什么？技术、信息和通信？在文艺复兴时期，人们追求的是心灵的意境。在波提切利的画上，爱神伊洛斯正把燃烧的箭羽射向代表贞淑的那位女神。当我们被爱欲之箭射中时，就会情不自禁地停住脚步——我们感受到了美，品味到了它带来的欢悦。当然，表面上看，好像什么都没有发生。或许我们不会买下那枚令我们眼前一亮的戒指，不会用相机拍下吸引我们的风景，但短暂停留的意义，就是让心灵得到美的滋养。

对心灵来说，美的意义并不在于悦人的形态，而在于它吸引我们的注意、让我们深陷其中的特性。日本民艺运动的发起人、著名美学家柳宗悦认为，美是想象力的不竭源泉，能为我们营造无限的想象空间。美的事物，或许本身并不漂亮悦目，甚至是丑陋的，却能吸引我们的心灵。希尔曼把心灵之美定义为"美的事物展现自己个性的过程"。无论是柳宗悦还是希尔曼，都强调美并不一定是悦目的。许多艺术品虽不悦目，却能吸引我们的注意，引导我们展开深远的想象。

既然美能滋养心灵，那我们要想跟随心灵，就必须对美有更加深刻的认识，在生活中给予它更高的地位。宗教一直强调美的价值，例如教堂和庙宇的设计，从来不会以实用性为第一要素，而是更加突出想象力的成分。高耸的尖顶绝不是为了增加建筑空间，饰有玫瑰花纹的圆窗也不是为了采光，而是为了满足心灵对美的需求，为想象力开辟出自由发挥的空间。难道我们不能向教堂和庙宇、清真寺和印第安人的神屋学习，多花一些精力和金钱，为我们的住宅、商务建筑、公路和学校增添一些美的元素吗？

　　学校、公墓和教堂里经常出现的故意破坏行为，从反面印证了被破坏的事物的神圣性。当我们对事物的神圣性缺乏感受力时，它往往就会以负面的形式表现出来。所以，我们可以换一种方式看待故意破坏的行为——我们所忽略的地下世界，正在努力找回它的神圣性。

　　要欣赏美的价值，我们只需要敞开胸怀，任凭美的力量在我们的心灵中激荡。如果我们为美所感动，就说明我们的心灵仍然活着，因为心灵最大的天赋就是感动。激情是心灵活力的来源，而"激情"这个词的原义就是"被感动"。里尔克曾用"受领不尽的紧张肌肉"这样的词句，来形容一朵花的结构，这样的意象很好地体现了"被感动"的力量。很多时候，我们并不把"被感动"看成一种力量，但对心灵来说，这是它在生活中扮演的最主要角色。

万物之灵的复苏

　　在历史上的不同时期，占据社会主导地位的人们都曾认为，处于较低地位的人们没有心灵，例如，女性一度被认为没有心灵。支持奴隶制的宗教理论声称，奴隶没有心灵。今天，我们则认为非人类的事物不具有心灵，可以任意处置。这样的态度，与男权主义者和奴隶主们并没有本质区别。我们需要恢复万物之灵的概念，把心灵还给大自然和人类创造的事物。

在心灵地图中，如果我们真心相信万物都有心灵，就不会试图控制它们，就像有意识的生命控制无意识的物体一样。相反，我们会与万物建立彼此关怀、彼此尊重、彼此照顾的亲密关系。如果我们觉得自己活在一个机械性的世界里，一切都需要意识和科技来维持，就会落得形单影只、身心俱疲。我们的社会就像那种患有妄想症的人，每天逼自己早起，这反映了整个社会的一种精神。如果我们能认识到，其实我们是生活在一个具有心灵的世界里，就不会感到如此孤独和疲惫。

1947 年，荣格写信给一位正在研究梵文和印度哲学的同事，劝他认真对待他的一个梦。那人在梦中看见一颗星星在林间闪耀。荣格写道："只有在那些被人们遗忘的简单事情里，你才能重新找回你自己。为什么不去森林里待上一段时间呢？有些时候，一棵树能教给你的东西，比书本要多得多。"我们也可以沿着心灵地图从这些被人们遗忘的简单事情里，找到自己的影子，而如果我们继续选择遗忘，心灵就得不到新的灵感。一棵树光是通过它的形态、纹理、树龄和颜色，以及区别于其他树木的特质，就足以告诉我们很多东西，也揭示了我们心灵地图的奥秘。**万物之灵与我们的心灵之间，并不存在绝对的差别。我们就是世界，世界也就是我们。**

　　万物之灵既不是神秘主义的哲学概念，也不是原始的泛灵论。文艺复兴时期，许多造诣颇深的艺术家、神学家和领导者，都遵奉万物之灵的观念，米兰多拉、费齐诺和美第奇就是很好的例子。他们通过自己的思想和行动，以及受他们思想启发的建筑和艺术，培育了一个充满心灵的世界。文艺复兴时期的艺术之美，与心灵哲学的指导作用是分不开的。

　　文艺复兴时期的大师们认为，我们必须通过质朴的关心与想象力，精心培植我们与世界心灵之间的关系。他们建议我们，仔细选择特定类型的音乐、艺术、食品、风景、文化和气候，因为这些东西都可以影响我们的心灵。

　　在新柏拉图主义哲学的影响下，这些心灵大师们相信，心灵一半存在于时间中，一半存在于永恒，只有时间与永恒融合，才能赋予生活内涵和活力。那个时代伟大的艺术成就，很好地反映了这一思想。费齐诺奉行素食主义，饮食非常节俭，对美酒却有杰出的鉴赏力。美第奇家族世代经商，同时也能认识到艺术与神学对社会心灵的重要性。相形之下，当今盛行的世俗主义，已经把宗教和神学赶出了商业和政治的领域，让它们只能在大学和神学院的边缘地带苟延残喘。然而越是这样，我们的心灵就越需要神学和艺术的远见卓识。

　　宗教和神学向我们展示的奥秘和仪式，完全能够涵盖现代人日常生活的方方面面。因为缺乏对它们的了解，我们只能用 18 世纪启蒙运动的手段，用百分之百的尘俗态度看待世界。如此一来，神性没有可以抒发的渠道，只能通过社会问题和生理、心理疾病的方式表现出来，就像甚嚣尘上的毒品和犯罪问题。我们不能有效解决这些问题，是因为我们不理解它们的本质。

为了挽回沦丧的心灵，找到我们的心灵地图，我们必须放弃对心理学的狭隘认识，不再试图用理性控制情绪和感觉，不再坚持心灵是人类的专属，也不再妄想支配世间万物，无论是大自然还是人造的事物。为了美，为了这个神圣的世界，我们必须放弃许多看似不可或缺的东西。

其实，现代科技与美之间并没有根本的矛盾。科学中蕴涵的美和心灵成分，并不啻于艺术和宗教。问题在于，我们已经忘记了心灵的重要意义，只有在遭遇严重的心理和精神问题时，才意识到它的存在。我们可以生产性能优异的汽车，却不懂得怎么维系婚姻；我们可以拍摄连篇累牍的电视剧，却想不出维持世界和平的方法；我们可以发明各种各样的医疗器械，却不了解生活与疾病的关系。在古希腊的剧院里，悲剧和喜剧的演出由祭司主持，这说明去剧院看戏是一种关乎生死的行为，但在今天，戏剧和其他艺术却被贴上了"娱乐"的标签。设想一下，假如我们翻开报纸的影视音乐版时，映入眼帘的标题不是"娱乐"，而是"跟随心灵"，那会是什么样的感觉？**要满足心灵的需求，我们用不着放弃享受与快乐，只需要好好关心它，聆听它的声音。**

如果我们不在日常生活中跟随心灵，就只能活在一个冷漠无情的世界中，承受无尽的孤独。就算我们能取得再大的"进步"，也无法摆脱这种孤独。我们可以向大自然索取，可以发明制造新的物品，但如果我们不能从心灵的角度看待自然与人造物，它们就会继续让我们痛苦。

要脱离这种病态，我们只有从艺术、哲学和文化中汲取灵感，改变我们看待世界的方式，消弭生活与心灵之间的裂痕，让心灵在现代文化和价值观里占有一席之地。

第十三章
艺术性的生活

跟随心灵需要"技艺"——技巧、专注和艺术。讲究生活艺术的人，随时关心生活的细节，因为细节才是塑造心灵的关键。许多人都认为，只有生活中的重大事件才值得关注，然而对心灵地图来说，最微末的细节和最寻常的活动，专注的态度和巧妙的方法，都是重要的。

艺术并不只存在于画家的工作室和博物馆的展厅里。在商店、工厂和家庭中，艺术同样有它的地位。当我们把艺术看成职业艺术家的专利时，"专业"艺术和生活的艺术之间就会出现一道危险的裂痕。专业艺术作品会被高高供奉起来，远离日常生活，这就好比是把艺术从日常生活中驱赶出去，放逐到博物馆。压制某种东西最有效的方法，就是漫无边际地吹捧它。

在我们的艺术学校里，以技术为核心的观念是主流。年轻的画家学习使用各种材料，研究各种绘画流派的思想和风格，却从不探索绘画中的心灵成分，也不去发掘他自己的作品所蕴含的深义。在大学音乐系主修声乐的女生，希望能成为表演艺术家，但在第一堂课上，教授就用示波器仔细测量她的音调和音色，指出她需要"改进"的地方。像这样纯粹技术性的教学方法，只会让心灵萎缩。

艺术对我们所有人都至关重要，无论我们是否从事艺术活动。广义上说，艺术就是能引发我们沉思的东西——就在沉思的那一刻，艺术使世界的面貌更加鲜明，让我们的眼光变得更加深远。很多时候，人们之所以觉得生活空虚，是因为他们没有敞开胸怀接纳世界，没有全身心投入到生活之中。如果我们所做的每一件事情都转瞬即逝，留不下任何痕迹，那我们自然会感到空虚。心灵无法在快节奏的生活中茁壮生长，因为接纳外在的事物，仔细揣度它们的含义，为它们所感动，这一切都需要时间。

所以，要追求生活的艺术，我们只需要停下来，好好感受一下生活。如果我们总是在忙碌，总是行色匆匆，那自然无法被生活吸引。现代人经常没有时间思考，甚至没有机会让一天之中的印象沉淀下来。然而，心灵的塑造是在沉思和想象之中进行的。毫无疑问，很多人只要每天花几分钟沉思一下，沿着心灵地图前行，就能省去接受心理治疗的大笔费用。

花更多的时间，认真去做每一件事，同样有助于跟随心灵。这样的建议看似简单，却能改变我们的生活，让心灵重新回到生活之中。这样，生活中的事情就不再疏远，我们的心灵也不再孤独。

我们不妨多投入一些时间，仔细选购那些家用物品——质量优良的桌布和床单，做工精美的地毯，乃至一个小小的茶壶，它们不仅可以充实我们的生活，还可以传给子孙后代，让他们也能体味这种充实的感觉。如此绵远流长的时间观，最能引发心灵的共鸣。然而，要发现一件东西中的心灵成分，我们必须花足够的时间仔细观察它，用心去感受它，而不是像阅读一份产品说明书那样，研究其中的技术参数。物品的外观、纹理和质感，与它的实用性同样重要。

如果某件东西能够激发我们的想象，就说明它能触动我们的心灵。一位航空公司经理曾告诉我，他在两份新工作之间举棋不定，不知道该怎么选择。第一份工作可以为他带来更高的地位和权力，第二份工作则相对平庸，但意味着更舒适的生活。他觉得他应该考虑第一份工作，因为那是同行们竞相追求的选择。然而，第二份工作却让他整天沉浸在想象之中。他甚至已经开始构想办公室的布置，以及各项日程的时间安排。很显然，这份工作更能触动他的心灵，也是他的心灵地图的诉求。

我们在日常生活中所做的寻常小事，表面上十分简单，却能对心灵起到相当重要的作用。就像我不知因为什么缘故，很喜欢洗碗。家里的洗碗机已经买来一年多了，我一次都没用过。洗涤、冲刷和擦拭碗碟的过程，能让我进入一种出神状态，这就是我喜欢它的原因。荣格的追随者、瑞士心理学家佛兰茨注意到，针线活对心灵特别有益，因为它很容易让我们进入沉思和出神的状态。

我也很享受在户外晾晒衣服的过程。清新的气息、潮湿的衣服、微风的吹拂和阳光的照耀，共同形成了一种独特的自然和文化体验，因为单纯，所以格外令人愉悦。摄影师亨特拍摄过一系列照片，捕捉衣物在晾衣绳上随风飘摇的姿态。这些照片具有一种难以言传的气质，绽放出生命的活力、日常生活的欣喜和大自然的神秘力量，而这一切就在我们的屋子周围。

在一本尚未出版的著作里，当代占星家劳尔提出，日常家庭生活充满了感悟与启示："如果我们留心观察，就能发现那些守护我们家园的精灵。它们从墙壁的缝隙溜进屋子里来，让电器发生小小的故障，让花圃里突然冒出新芽，让令人目眩的美绽放在我们眼前——阳光洒在刚打过蜡的桌面上，晾衣绳上的衣服在风中翩翩起舞——借以彰显它们的存在。"

日常生活的许多艺术，例如插花、烹饪、修理各种物件，之所以能滋养心灵，是因为它们能让我们进入沉思，而且需要某种程度的技巧。我的一个朋友花了几个月的时间，在餐厅镶板上描画花园的景色。像这样平凡的艺术，也能显现一个人的个性，让我们一进屋子，就能从中感觉到主人的独特性格。

在日常生活的细节中关注心灵，通常可以让我们的生活变得很有个性，同时又不至于显得古怪。下午没有事情的时候，我喜欢到马萨诸塞州康科德市的睡谷墓园去走一走，那里是许多著名作家的安息之所。爱默生的坟墓坐落在墓园深处的一座小山上，坟前竖着一块带有红色条纹的大石，在周围林立的灰色墓碑中间显得十分抢眼。不远处则是梭罗和霍桑的坟墓。喜欢爱默生诗文的人都会觉得，这个地方充满了灵气。对我来说，他那与众不同的墓碑，不仅象征了他对大自然的热爱，也反映了他心灵的伟大和想象力的卓然不群。大自然的美景和安葬在此处的作家们，把墓园变成了一个真正的圣地。

　　某种事物越能吸引我们的注意，勾起我们的沉思，它的神圣性就越能显露出来。所以，艺术性的生活方式，是解决现代生活世俗化问题的一剂灵药。我们当然可以通过正式的宗教仪式和传统的教义，拉近宗教与日常生活的距离；不过，我们也可以通过发掘万物的"天然宗教"内涵，来满足心灵对宗教的需求。为了达到这一目的，我们需要艺术——专业的和日常生活中的艺术。**如果我们不再把效率当成生活的唯一追求，而是用心去探索大自然与人造物品中的想象空间，那么，心灵就会回归日常生活，也自然能发现心灵地图的轨迹。**

　　从心灵的角度看来，只要想象力达到了非同寻常的深度和广度，这样的情境就是神圣的。世间万物都具有神圣性，即使最寻常、最凡俗的事物也不例外。任何事物的最底层，都潜藏着善恶的崇高主题。物理学、社会学、心理学和其他世俗科学，刻意回避神学的领域，以维持它们的"科学客观性"，结果却丧失了心灵的成分。心灵与宗教情怀是不可分割的。这当然不是说某种特定的宗教信仰是心灵所必需的，而是说，要保持心灵与生活的联系，我们必须能够理解、接纳和欣赏神圣的事物。

　　即使是最寻常的生活经验，也具有无比深远、必须用宗教来解释的内涵。库萨的尼古拉指出，上帝是至大的，也是至小的。日常生活的微末细节，与人类生命中的重大事件同样神圣。

　　我们都可以成为自己生命中的艺术家和神学家，探索心灵的幽深境界。我们若把艺术看成职业画家和博物馆的专利，不去追求艺术性的生活，就会丧失许多滋养心灵的机会。同样的，我们若是把每周去教堂的礼拜当成生活中唯一的宗教活动，宗教就只能游移在生活的边缘，让我们无从寻觅其中的心灵成分。专业的艺术像正式的宗教一样，经常显得高不可攀，**而心灵无论何时都是平凡的、熟悉的、亲切的、投入的、激动的、充满诗意的。**一件艺术品中的心灵成分，需要近距离去体验，而不是站在远处欣赏。同样，要体验宗教中的心灵成分，我们也必须与生活中的善与恶进行亲密接触。我们每一天都生活在奥秘中，每一天都在追寻真理。如果心灵遭到了漠视，纵使我们相信宗教的义理和准则，也无法用心去体会它们。

梦：通往心灵之路

　　跟随心灵需要实际的行动，也就是炼金术中所谓的"冶炼"过程。跟随心灵的人，不可能活在无意识状态当中。冶炼心灵与找寻心灵地图的过程，有时能让人感到振奋和鼓舞，但往往也具有强烈的挑战性，需要真正的勇气。为了找到心灵地图，我们必须去面对平时不愿接触的问题、不愿体会的感情和不愿理解的内容，这样的过程几乎不可能是轻松的。最简单的路，或许也是最难走的那一条。要深入内心，直面我们最恐惧的意象，绝不是一桩容易的事；然而，只有在这样的地方，我们才能找到心灵的源泉。

我们最不愿意面对的情感问题，通常也正是最需要关注的，所以在进行心理治疗时，我常建议患者留心自己梦的内容，因为他们平时难以面对的意象，经常会在梦中出现。梦是心灵的神话，发掘梦的内涵，则是生活艺术的重要内容。

在心理治疗中，我自己对待梦的方式是这样的：患者来到我的诊所，我通常会要求他们讲述一两个做过的梦。我不会在听完梦的内容之后，立即予以解释，而是要让梦引导我们，启发我们。因为梦可以成为向导，带我们走进意想不到的地方。患者讲完梦的内容之后，我会继续跟他们讨论他们的生活，留心他们梦中出现的意象，以及这些意象的表现方式。与其刻意去解读梦境，不如让梦来解读我们，影响我们的想象方式。人生总是充满了奥秘，而问题在于，我们没有在这些奥秘上投入足够的想象力。对于生活中出现的问题，我们总是想找到最直接、最有效的解决方式，结果往往徒劳无功，因为这样的态度本身，就反映了缺乏想象力这个最大的问题。梦则提供了一个新的切入角度。

按照我的经验，梦要向治疗师和患者表露出它的深层含义，需要一个长期的、缓慢的过程。听完患者的讲述后，我心中通常会涌现一些印象和看法，但更多的是不解和困惑。我会努力克制自己，不去急着寻找梦的意义，而是沉浸在梦的气氛中，它的意象让我困惑，让我不得不放弃原先的成见，仔细思索梦境本身的奥秘。解读梦境，耐心是至关重要的，无论是知识、技巧还是花招，都取代不了耐心。**梦有它自己的时间表，时候到了，它自然会显露出它的意义。**

探讨梦境时，我们应该相信直觉，尽管直觉与理性思考的结论可能并不一致。有些人对我讲述梦的内容之后，就会立即建议我该如何解读这个梦，或是试图影响我对梦中人物的看法。有一位女士曾告诉我，她梦见自己忘了关上房门，结果让一个男人偷偷溜了进来。"那是一个噩梦。我觉得它是在警告我，我太粗心大意了，没有好好保护自己。"她说。

我知道不应该随便接受患者的看法，但有些时候，我的潜意识还是会受到患者态度的影响。她的解释听起来合情合理——在梦中，她处于十分脆弱的境地，受到外来入侵者的威胁。然而，我记起了我自己的准则：相信直觉。或许，她的"粗心"并不是一件坏事，只有敞开房门，才能让新的人物进入生活空间。我也意识到，她的这种"粗心"或许并不是无意识的。让房门敞开的，或许是她心中的"自我"之外的某一部分。

梦中的自我和做梦的人之间，通常会有同谋的意味。那位女士在向我讲述的同时，或许会下意识地偏袒她在梦中的自我，借此影响我对梦境的看法。这种情况很常见。为了矫正这种偏袒——我总是采取唱反调的态度，刻意追求与讲述者不同的视角。用比较专业的术语来说，我假定在讲述梦境的过程中，讲述者与梦中的自我处于同一个情结。如果我全盘接受讲述者的说辞，很可能就会陷进这个情结，而不是站在局外人的角度看待问题。所以我对那位女士说："也许你忘了关门，并不是一件坏事。或许闯进来的人是心怀好意。至少，我们不应该太早下结论。"

我为她梦中的人物辩护，与她的意思相抵触，却可以为探讨梦境提供一个新的角度，揭露出某些特别的内涵。跟随心灵并不等于关怀自我。梦中出现的其他人物形象，可能同样需要我们的关怀。

一位从事写作的女子告诉我，有一次，她梦见一位朋友拿着蜡笔在她的打字机上乱涂乱画。她说："那个梦真可怕，不过我知道这意味着什么。我性格中孩子气的一面，总是干扰我作为成年人的工作。要是我能长大就好了！"

她不仅给自己的梦下了结论，还试图影响我对这个梦的看法。她的这种表现，其实是为了回避梦中陌生的意象带给她的挑战。在心灵地图中，心灵常常与自我产生冲突，这种冲突可能是温和的，也可能很激烈。所以我小心翼翼，避免对她的看法作出评价。

"你在梦里看见的那位朋友是个孩子吗？"我问。

"不，她是个成年人。"

"那你为什么觉得她代表了孩子气的一面？"

"蜡笔不是孩子的玩具吗？"

"你能不能告诉我，你那位朋友是怎样一个人？"我问。

"她很妖媚，总是穿着奇装异服——就是那种颜色鲜艳，领口开得很低的衣服。"

"那么，这位衣着鲜艳、富有魅力的女人，会不会是在以孩子气的方式，为你的作品增添色彩呢？"我试图换一种方式解释她梦中的意象。

"或许吧。"听得出，她并没有放弃原先的看法。

我不赞同她对梦境的解释，不仅是因为前面提到的原则，还因为她的口气里，明显透露出消极自恋的倾向：她不愿接纳自己孩子气的一面。但她只有克服了对自己的习惯看法——我们才能从新的角度出发，探讨她的生活状况和个人习惯。

我在这里不惜笔墨，详细解释梦的问题，不仅是因为梦能帮我们认识自己，也因为我们看待梦境的方式，可以体现我们对待一切事情的态度——包括我们如何诠释过去，如何看待现状和眼前的问题，如何理解我们身处的文化。

梦的含义绝不可能是单一的、确定的。有时候再回头看看同一个梦，就会发现全新的内涵。我喜欢把梦当作绘画来看待，也喜欢把画面当成梦来欣赏。对于莫奈画的同一幅风景，不同的观赏者会观赏到不同的含义，即使是同一个人分两次来看，也可能会产生截然不同的反应。一幅优秀的画作，即使我们已经看过无数遍，仍然能吸引我们，让我们产生新的念头和幻想。

梦也是一样，即使被我们长期漠视，或是胡乱分析，一场梦也能保持它谜一样的神秘，让我们反复琢磨它的含义。我们之所以要解析梦境，不是为了得到确定的结论，而是为了对梦表现出足够的重视。深入探讨梦的意境，可以让我们的想象力得到解放，不再因袭旧有的思维习惯。

解读梦境、艺术作品和故事中的意象，有一个简单有效的方法：反复地探索它，聆听它传达的讯息。巴赫的《马太受难曲》，为什么能吸引我们反复倾听？原因在于，任何一件艺术作品、任何意象的本质，都是以源源不绝的方式呈现它的内涵。在进行心理治疗和教学时，我通常会在听完患者或是学生讲述一个梦、一个故事之后，对他们说："很好，再讲一遍——用不同的方式。"

有一次，一个年轻人拿着写给爱人的信来找我。他很珍惜那封信，因为那是他内心深处情感的表白。他说，他愿意在我面前把信朗读一遍，然后就充满感情、一字一句地读了起来。他读完之后，我要他再读一遍，把重点放在不同的地方。他照做了，结果发现信中的许多细节都表达出了与方才不一样的含义。我们又试了第三次、第四次，每一次都能找到新的含义。这个小小的尝试证明，任何意象都具有丰富的、多层次的内涵，值得我们不断发掘。我们生命中那些重要的意象、梦境和经验，都值得我们再三体味和解读，因为它们能激发想象力，让我们的心灵保持活力。

当然，这种解读梦境的方法，并不能满足我们追求结论的欲望——这也正是"跟随心灵"与"理解心灵"的区别所在。为了跟随心灵，我们必须彻底改变看待问题的态度，不再追求唯一的、最终的答案，而是不断探索新的意境，不断发掘经验深处的一重重诗意。

我们渴望着像普罗米修斯盗取天火一样，从梦境、艺术作品或故事中获取那唯一的含义。我们企图用人类的理性取代神话的奥秘。然而，这只会使我们的日常生活丧失复杂性和神秘感，导致我们心灵的沦丧，因为心灵原本就具有神秘性和多面性。

引导我们深入探索梦境含义的，往往正是梦境本身。梦中，我们经常需要"深入"某些地方——潜入深水，降入深渊，乘电梯下到地下室，沿着阴暗的楼梯下行，或是进入小巷深处，等等。通常，我们总是宁愿待在更高、更光明的地方，不愿向下进入黑暗之中。

我在大学执教的时候，经常有学生告诉我，他们梦见自己走进图书馆，乘上电梯，然后不知怎的就来到了一间古老的地下室。我认为，这样的梦之所以会在大学生中间频繁出现，正是因为大学生活太光明，过于偏重对事物的理解。

一位在大型电气企业工作的女士，曾对我讲述过她的梦境。梦中，她和丈夫乘电梯去了较低的楼层，却发现整个楼层都被大水淹没了。两人顺水漂流，穿过走廊和街道，最终到达了一家豪华的饭店，在里面享用了一顿丰盛的晚餐。这也是一种典型的梦境意象：在象征幻想的流质（水）中移动，最终让心灵得到滋养（晚餐）。梦境从来不用遵循自然法则，所以我们可以在水中呼吸。事实上，梦本身就具有水的特质，总是处于流动状态，没有固定的意义和解释。我们总以为，只有理性思维的空气才能让我们生存，然而那位女士却在梦中发现，想象力与生命的流水，更能滋养她的心灵。

指引我们的精灵

在意象本身之外寻找意义，是分析意象的常用手段之一。梦中出现的雪茄，往往被当成阳具的象征，而不只是雪茄。梦中的女人代表生命之魂，而不是某一位具体的女子。梦中的小孩是"我心中的那个孩子"，而不仅仅是那个小孩自己。我们总认为，想象是一种象征性的思考，如同弗洛伊德所说的，具有表层和潜在的双重含义。我们只要能"破解"表面的象征符号，就能理解意象背后隐藏的含义。

然而，我们也可以用另一种方式理解。也许梦中的意象背后，并没有任何象征含义；也许我们应该直面意象本身，决定究竟是遵从它们的指引，还是跟它们抗争。

古希腊人认为，世间充满了无名的灵体，推动和指引着我们的生活。他们把这些灵体称为"精灵"。苏格拉底声称，他是靠着精灵的指示而生活。近代诗人叶芝则警告说，精灵既能鼓舞我们，也能危害我们。荣格也在《回忆、梦与反思》中讨论过精灵："我们知道，确实有某种未知的、外来的东西出现在我们生活中，而我们也知道，梦和灵感并不是我们自己创造的，而是出于某种原因自动出现的。以这种形式发生在我们身上的事情，可以说是发源于超自然力——精灵、神祇或是无意识。"他接着说，他更喜欢"无意识"这个说法，而他文中的"无意识"其实就等同于精灵。精灵能够引导我们的想象力。荣格建造石塔的时候，工人们送来的石料中，有一块大石头尺寸不对，不符合他的要求。他认为，这个"错误"是他那顽皮的精灵耍的把戏，于是就用那块石头为原料，完成了他一生中最重要的雕塑作品，即所谓的"波林根之石"。

15 世纪，费齐诺在一本以跟随心灵为主题的著作中说，人们都应该去寻找自己与生俱来的守护精灵："任何人只要彻底省察自己，就能找到自己的精灵。"里尔克也对精灵满怀虔敬。在《给一个青年诗人的十封信》中，他劝那位青年诗人深入自己的内心，寻找自己的本性："请你走进自己的内心，看看自己生命的源头究竟有多深。"里尔克的建议，对每一个在日常生活中追求艺术境界的人都适用。在心灵地图中，心灵想要直接接触生命的源头，而不是用俗套的概念去解释生命的意义。满足心灵愿望的最好方法，就是从日常生活的想象力中脱胎而来的意象。

为了对梦中世界表达足够的尊敬，我们需要重新看待想象力本身，不再把它定义成一种别具创造性的思维方式，而是把它视为心灵意象的不竭源泉，就像希腊神话中的灵泉一样。我们也需要改变对待它的方式，不再试图对它进行理性

化的解释，而是遵奉它的指引，进入它的真实世界——一个
我们无法彻底理解和控制的世界，去见识那里的人物、鸟兽、
地域和事件。

梦境和艺术作品中的意象，并不是等待解答的谜题，想
象力所蕴涵的意境，也不是用来揭开的。要让梦境影响我们
的生活，我们不需要理解它，甚至不用探寻它的含义。我们
所要做的，就是关心这些意象，接纳它们的奥秘，对它们做
出回应。为了与精灵和谐共处，我们必须遵从内心的规律和
意愿。古罗马哲学家西塞罗曾说，"animus"决定了我们是
谁，而"animus"就是拉丁文中的"精灵"。费齐诺警告我
们，不要违拗精灵的意愿，否则就会对心灵造成极度严重的
伤害。例如，当我们决定搬到哪里居住时，必须重点考虑精
灵的需求，这种需求会在我们对某个地方的向往或排斥中体
现出来。

生命的源头是如此幽深，以至于我们把它当成另一种存
在。我们借用古代的语言，把它称为精灵，让它把想象力带
进我们的自我意识中。我们与生命源头的关系，就会变成一
种超越个人的交流，一种存在于自我和神灵之间的张力。在
这种交流中，生活会变得更有艺术性，甚至更有戏剧性。在
一般人称为"精神病人"的人们身上，我们有时能观察到这
种现象，他们的一举一动，往往充满了戏剧性的意味。他们
内心深处的"陌生人"，常常借着他们的意识粉墨登场。作家
们常说，他们小说中的人物有自己的意识和主张。加拿大小

说家爱特伍德曾在接受采访时说："要是作家太霸道，她小说中的人物就会提醒她，虽然她创造了他们，但在某种意义上，他们也是她的创造者。"

艺术教我们尊重想象力，因为想象力远远超越了人类的意图和创造性。要想在日常生活中追求艺术的境界，就必须对身边事物保持敏锐的感觉，对我们的直觉予以充分的信任，放弃一部分的理性和控制欲，以换取心灵的馈赠。

心灵的艺术

充分发挥我们的想象力，成为自己生活和工作中的艺术家，也是跟随心灵的一种方式。要让艺术起到滋养心灵的作用，我们用不着成为专业的艺术家——任何人都可以把家变成自己的艺术工作室。我们可以学习荣格、费齐诺和印第安作家"黑麋鹿"，用梦境和幻想中出现的意象装点我们周围的环境。

情绪激动的时候，我经常弹钢琴来抒发情感。我记得很清楚，马丁·路德·金遇刺的那天，我花了整整三个小时弹奏巴赫的乐曲。我心中的愤怒、悲伤和混乱的感情，全都通过音乐宣泄出来，不需要任何理性的解释。

我们可以将周围的世界转化成各种意象，让它们变成我们精神中的圣柜，我们人生奥秘的贮藏地。在生活中，如果我们不给心灵留出存在的空间，它的奥秘就只能以神物崇拜和心理症候的形式表现出来，所以，在某种程度上，神物崇拜和心理症候也是病态的艺术。我们可以像艺术家一样，把寻常经验转化成心灵的原材料——日记、诗歌、素描、音乐、信件和水彩画。

在写给弟弟乔治的一封关于塑造心灵的信上，济慈用学校的意象描述了把周围世界转化为心灵的过程："我把世界看成一所学校，专为教授孩子们阅读而设立，我把人生看成这所学校里使用的教科书，至于心灵，则是在这所学校里，通过教科书学会了阅读的孩子。在心智转变为心灵的过程中，世间的痛苦和烦恼是多么必要，你难道不知道吗？"

我们若能学会阅读自己的经验，再用艺术的方式把它表达出来，就可以让生活更贴近心灵。我们自己朴素的艺术，可以暂时遏止生活的洪流，让我们得以陷入沉思。给友人写信时，我们可以加深经验带来的印象，让它们驻留在心中，成为心灵的基石。我们自己的家就是一座小小的艺术博物馆，在那里，我们可以尽情发挥想象，任缪斯女神来激发我们的灵感。

日常生活中的朴素艺术，还可以从另一个方面滋养心灵——它们可以为下一代人留下宝贵的遗产。传统文化认为，心灵的时间维度远远长于意识的存在时间。对心灵来说，过去与未来都是有生命、有价值的。我们用日记和画作描述日常生活经验的时候，也就为后来者们保存了我们的思想。以艺术为桥梁的人际关系，能够超越个人生命的时间，正因为如此，我们才能从济慈写给弟弟的信中得到宝贵的启示。

　　在一切皆为眼前的现代社会里，我们很容易忽略心灵对时间和永恒的需求。我们只为自己的行为搜罗表面上的解释，却不懂得在心灵的层面上寻找原因。曾有一个人试图向我解释他离婚的原因，结果他说来说去，尽是对妻子的抱怨。其实，他的心灵正在经历重大的变化，对于这一点，他却绝口不提。他渴望新的生活，但又不愿承认这种渴望带来的痛苦，于是就四处寻找借口。他并没有认真思考生活的变化，所以也意识不到离婚对他心灵产生的影响。

　　但是，只要我们读一读济慈、里尔克和其他诗人的书信，就会意识到他们为了把生活中的喜怒哀乐付诸语言，究竟付出了多么大的努力，我们可以借鉴他们的做法。因为用文字和图画表达经验的能力，对所有人来说都是必要的。**艺术的重点，并不仅仅在于表达我们自己，而是为心灵创造一个外在的、实际的形体，使它能够存在于这个形体之中。这有利于塑造心灵地图。**

　　孩子们都喜欢画画，也喜欢在墙上和冰箱门上展示他们的作品。然而，我们在长大成人的过程中，渐渐放弃了这种对心灵十分重要的工作。作为成年人，我们以为孩子们只需要学习字母表和协调运动神经；殊不知，他们也在学习一件更重要的事——为他们的心灵活动寻找合适的表现方式。当我们长大成人，开始觉得美术馆比冰箱门更加“高级”的时候，我们就抛弃了童年时代的一个重要仪式，把它变成了职业艺术家的专利。这样一来，我们就只能尝试用理性来解释生存的理由。我们觉得空虚和困惑，花高价接受心理治疗；我们沉迷在虚假的意象中，例如肤浅的电视节目。当心中的意象无家可归时，我们就只能寻找廉价的替代品，诸如垃圾小说和公式化的电影，来麻醉心中的失落感。

许多个世纪以来，诗人和画家们一直努力告诉我们，艺术的目的并不是表现才华，也不是创造精美的东西，而是保存和容纳心灵。艺术能捕捉生活的瞬间，能体现日常生活的永恒意味，而永恒是心灵最需要的养分——所谓的"一沙一世界"。

达·芬奇曾提出一个发人深省的问题："为什么我们在梦中看见的事物，总是比清醒时的想象更清楚？"因为心灵的眼睛能看清永恒。在清醒时，我们只能用肉体的眼睛观看世界，即使带上些许的想象成分，最多也只能捕捉到永恒的一丝痕迹。然而在梦中，我们可以用心灵的眼睛观看世界，获得原本专属于艺术家的视角。

当我们看到一个饱受折磨的人那痛苦的神情，心中或许会闪过耶稣受难的景象——世世代代的艺术家，曾经以多种形式表现过这个意象，而我们自己在生命的某一个阶段，也曾经历过相同的情境。我们可以透过英国诗人劳伦斯的眼光，观察他在珠宝店里邂逅的一位妇女。我们可以在一瞥之间，把餐桌上的陈设变成塞尚的静物画。夏天，当我们在难得的空闲里，一面坐在窗前阅读，一面享受窗外吹来的微风，也许会在刹那间忆起"天使报喜"的意象，因为天使们习惯在我们静心阅读时悄然来访。

以心灵为核心的艺术观，能够体察诗歌意象与日常生活的水乳交融。**艺术向我们展示的，只不过是原本就存在于生活中的永恒，如果没有艺术，我们就只能生活在幻觉中，以为生活中没有永恒，只有时间。**日常生活中的艺术活动，哪怕是写一封真诚的信，也可以帮我们从时间中发掘永恒的内涵，让我们触及心灵的情境、主题和特质。当我们把某个念头、某个梦的内容写在日记本里，捕捉其中那一点点永恒的时候，心灵就会在不知不觉中发荣滋长。这样，日记就成了我们自己的福音和经书，而我们简单的涂鸦也会蒙上圣像的色彩——对我们的心灵来说，它们的重要性不啻于那些庄严典雅的圣像。

跟随心灵，目的并不在于自我提高，也不在于摆脱人生中的痛苦和困扰。**它体现了另一种境界——既不脱离生活，也不会把解决问题当作唯一的追求。我们跟随心灵的唯一方式，就是尊重心灵表达的讯息，沿着心灵地图前行，给心灵时间和机会来展现自己的面貌，用生活的深度、内涵和质量让它茁壮成长。**

对心灵来说，记忆比计划更重要，艺术比理性更有说服力，爱比理解更有意义。当我们对周围的人们和世界产生依恋之情，当我们能够同时听从内心和头脑的指示时，我们就已经朝心灵的方向迈出了一大步。**如果我们能体验到比往日更深的幸福，能接受人生的复杂和混乱，能用同情取代恐惧和猜疑，那就意味着我们的心灵已经得到了关怀。**

心灵对不同文化和个人之间的差异很感兴趣，而在我们身上，它会表现为独特的个性，甚至某种程度的怪癖。我们在困惑中跌跌撞撞，努力寻找一种透明的生活方式，努力借助心灵的力量，让生活变得更加有趣。日复一日，我们忠实地关怀我们的心灵，任由我们的天赋和才华尽情展现，最终会造就一个独一无二的"我"。

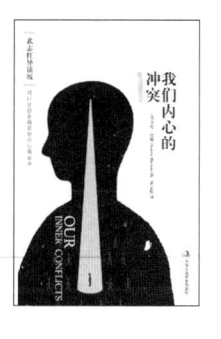

《我们内心的冲突 》

[美]卡伦·霍妮 著

每个人都有内心冲突，但什么样的冲突会导致心理疾病呢？
这些冲突是如何形成的，怎样才能从这些冲突中突围呢？
本书是世界著名心理学家和精神病学家卡伦·霍妮的代表
作，导读则是在中国享有盛誉的资深心理咨询师、畅销书作
家武志红。

《我与你》

[德]马丁·布伯 著

《我与你》是二十世纪最伟大的哲学家之一的马丁·布伯的
代表性作品；武志红老师主编和精彩导读。武志红说："一
直以来，对我影响最重要的一本书，是马丁·布伯的《我与
你》。"

《恐惧给你的礼物》

[美]加文·德·贝克尔 著

一本心理学奇书。用惊心动魄的故事，凝视人性的深渊。教
你依靠直觉，瞬间看透人心。这本书是每个人必备的生存手
册，是加文·德·贝克尔亲身经历和丰富经验的真实总结。
它史无前例提出的危险预测法，在关键时刻可以救你的命。
武志红老师主编和精彩导读。

《自卑与超越》

[奥]阿尔弗雷德·阿德勒 著

《自卑与超越》是个体心理学的先驱——阿尔弗雷德·阿
德勒的代表作品，是人类个体心理学经典著作。
武志红老师主编和精彩导读。

武志红主编

可以让你变得更好的心理学书

《乌合之众》

[法]古斯塔夫·勒庞 著

《乌合之众》是群体心理学的巅峰之作；弗洛伊德、荣格、托克维尔等心理学大师，和罗斯福、丘吉尔、戴高乐等政治家都深受该书影响。

武志红老师主编和精彩导读。

《这样想，你才不焦虑》

[美]亚伦·T.贝克 [加]大卫·A.克拉克 著

认知心理疗法的权威作品，让人们远离焦虑困扰。

武志红老师主编和精彩导读。

《心灵地图》

[美]托马斯·摩尔 著

这是一本影响深远的书，将告诉我们如何在阴影中行走，它补全了我们失落的一角。